湖南省城镇排水行业年度发展报告 2023

湖南省城乡建设行业协会 编制

中国建筑工业出版社

图书在版编目（CIP）数据

湖南省城镇排水行业年度发展报告. 2023 / 湖南省城乡建设行业协会编制. -- 北京：中国建筑工业出版社，2024.12. -- ISBN 978-7-112-30485-1

Ⅰ．TU992

中国国家版本馆CIP数据核字第2024V19W80号

《湖南省城镇排水行业年度发展报告》是一部排水行业的专业工具书，每年一册。由湖南省城乡建设行业协会排水分会承担核心编写任务，数据收集与分析对行业发展有重要的参考作用，全书分为5章，分别为湖南省城镇排水发展现状、湖南省城镇排水现状分析、排水行业高质量发展探讨、协会创新发展与实践、排水工程典型案例，书最后有全国城镇排水发展概况、国内2022年排水行业政策、国内城镇排水工程建设标准体系三个附录。

本书适合排水行业从业人员参考借鉴，也适合各地图书馆、档案馆作为资料留存。

责任编辑：边　琨
书籍设计：锋尚设计
责任校对：张　颖

湖南省城镇排水行业年度发展报告2023
湖南省城乡建设行业协会　编制

*

中国建筑工业出版社出版、发行（北京海淀三里河路9号）
各地新华书店、建筑书店经销
北京锋尚制版有限公司制版
廊坊市海涛印刷有限公司印刷

*

开本：787毫米×1092毫米　1/16　印张：6¾　字数：125千字
2024年11月第一版　　2024年11月第一次印刷
定价：59.00元
ISBN 978-7-112-30485-1
（43853）

版权所有　翻印必究
如有内容及印装质量问题，请与本社读者服务中心联系
电话：（010）58337283　QQ：2885381756
（地址：北京海淀三里河路9号中国建筑工业出版社604室　邮政编码：100037）

参编单位

湖南省城乡建设行业协会排水分会
湖南省建筑设计院集团股份有限公司
湖南省建筑科学研究院有限责任公司
湖南大学设计研究院有限公司
中机国际工程设计研究院有限责任公司
长沙市城区排水事务中心
长沙中科成污水净化有限公司
湖南首创投资有限责任公司
湖南省城乡环境建设有限公司
湖南先导洋湖再生水有限公司
湖南澄晏环境工程有限公司

编写组成员

王晓东	尹华升	陈积义	王新夏	罗友元	柳 畅	肖志宏	熊丽娟
董 超	刘 鹏	吴末红	王文明	杨智姬	何 全	陈小珍	谭 觉
黄茂林	张进智	刘月曼	王荣娟	潘兆宇	周 焱	方 兴	王 一
晏 丽	田 蓉	杨淇椋	古 伟	蓝 翔	邹艺珏	李雪瑶	唐 旺
陈 芳	汪浏阳	吕 昱					

审核专家

杨青山　柯水洲　刘 鹏　苏小康　李全明　曾 涛

前　言

　　本书总结2022年湖南省城镇排水行业发展现状，分析行业发展特点，提出行业发展建议，共5章。

　　第1章　湖南省城镇排水发展现状。对全省排水设施情况、建设投资情况进行了分析。

　　第2章　湖南省城镇排水现状分析。从城区人口、管网长度、污水浓度、污水处理收费、污泥处置、再生水利用等方面进行了分析。

　　第3章　排水行业高质量发展探讨。从水价、厂网一体化、溢流污染控制、绿色低碳促进行业发展四个方面进行探讨分析。

　　第4章　协会创新发展与实践。展示了协会在2022年开拓创新的重点工作。

　　第5章　排水工程典型案例。展示了4个优秀工程案例在绿色低碳设计理念、优良的施工品质、智能化运行、良好的处理效果等方面的特点，为行业发展提供案例参考。

　　附录一　全国城镇排水发展概况。对全国城镇排水与污水处理设施总体情况进行了简要说明。

　　附录二　国内2022年排水行业政策。收集了国内2022年发布的部分排水行业政策文件。

　　附录三　国内城镇排水工程建设标准体系。收集了国内发布的部分城镇给水排水工程建设标准。

　　本书数据主要来源为住房和城乡建设部《中国城乡建设统计年鉴》（2022）、中国城镇供水排水协会《中国城镇水务行业年度发展报告（2023）》《湖南省城市建设统计年鉴》《湖南统计年鉴》、全国城镇污水处理管理信息平台。

　　湖南省排水行业以排水分会作为牵头单位，会同行业相关单位和专家编撰行业发展报告，重点聚焦国内情况、省内状况、政策发布、技术动态、发展热点、协会工作等方面，目的是打造排水行业工具书，供排水行业从业人员参考借鉴。

　　《湖南省城镇排水行业年度发展报告2023》的编撰是一项浩繁的工作，涉及数据收集分析、政策规范查找、调研与案例分析等，工作量大、难度高，在编制过程中，得到了省内各方的支持，在此，对他们的支持和付出致以崇高敬意和感谢。由于时间紧、任务重，因此在编写过程中难免出现纰漏和不足，敬请批评指正。

《湖南省城镇排水行业年度发展报告2023》编制组

目 录

第 1 章 湖南省城镇排水发展现状

1.1 污水处理厂 / 002

1.2 排水管网 / 008

1.3 排水设施投资情况 / 010

1.4 13个地级市和吉首市排水和污水处理设施对比分析 / 011

1.5 县级城市（含县城）排水和污水处理设施对比分析 / 015

1.6 洞庭湖区域排水和污水处理设施对比分析 / 019

第 2 章 湖南省城镇排水现状分析

2.1 服务区域及人口分析 / 024

2.2 排水管网情况分析 / 025

2.3 污水处理规模情况分析 / 028

2.4 排水设施建设固定资产投资情况分析 / 029

2.5 污水处理厂运行费用情况分析 / 031

2.6 进水浓度及污染物削减情况分析 / 032

2.7 污泥处置情况分析 / 034

2.8 再生水利用情况分析 / 034

2.9 降雨情况 / 035

第 3 章　排水行业高质量发展探讨

3.1　关于排水行业高质量发展面临的几个问题的思考 / 038
3.2　排水行业相关探索 / 042

第 4 章　协会创新发展与实践

4.1　技术援疆 / 056
4.2　协会重要交流 / 057

第 5 章　排水工程典型案例

5.1　常德市芷兰居海绵城市改造工程项目 / 062
5.2　株洲河西污水处理厂二期工程项目 / 065
5.3　白石港水质净化中心一期工程 / 070
5.4　常德市污水净化中心更新改造工程 / 072

附录一　全国城镇排水发展概况 / 076

附录二　国内2022年排水行业政策 / 082

附录三　国内城镇排水工程建设标准体系 / 095

参考文献 / 100

第1章

湖南省
城镇排水发展现状

根据《中国城乡建设统计年鉴》（2022）和全国城镇污水处理管理信息系统数据，2022年湖南省城市和县城排水管道长度41 251.31 km，排水设施建设固定资产投资为96.02亿元；2022年湖南省县以上生活污水处理厂共169座，处理能力为1 109.55万m^3/d，实际处理水量为906.54万m^3/d，污水处理厂平均进水COD浓度为165.10 mg/L，平均进水BOD_5浓度为73.64 mg/L，湿污泥产量为193.75万t（以80%含水率计）。

1.1 污水处理厂

1.1.1 基本情况

截至2022年底，湖南省共有169座县以上生活污水处理厂，各市州的污水处理厂数量见表1.1-1。其中2022年新建污水处理厂共4座，为邵阳县第二污水处理厂、桃源县第三污水处理厂、南县第三污水处理厂、南县第四污水处理厂；1座污水处理厂停运，为临澧县污水处理厂。

2022年全省各市州县以上生活污水处理厂数量统计表　　表1.1-1

序号	市州	污水处理厂数量（座）	备注
1	长沙市	21	
2	株洲市	13	
3	湘潭市	7	
4	衡阳市	12	
5	邵阳市	13	
6	岳阳市	16	
7	常德市	11	
8	张家界市	7	
9	益阳市	10	
10	郴州市	17	
11	永州市	13	
12	怀化市	14	
13	娄底市	6	
14	湘西州	9	

数据来源：全国城镇污水处理管理信息系统

1.1.2 排放标准

截至2022年，湖南省有7座污水处理厂出水排放标准为准Ⅳ类（湖南省地标一级，以下统称"准Ⅳ类"），138座污水处理厂出水标准为《城镇污水处理厂污染物排放标准》GB 18918—2002中的一级A标准（以下简称一级A），24座污水处理厂出水标准为一级B（以下简称一级B）。出水排放标准为准Ⅳ类的污水处理厂均在长沙市，长沙市、株洲市、湘潭市、岳阳市、常德市、益阳市、永州市的县以上生活污水处理厂排放标准均在一级A及以上。县以上生活污水处理厂出水排放标准不同类型占比情况如图1.1-1所示。

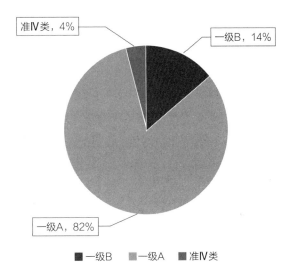

图1.1-1　2022年湖南省县以上生活污水处理厂出水排放标准类型占比
数据来源：全国城镇污水处理管理信息系统

1.1.3 设计规模

截至2022年，湖南省县以上生活污水处理厂总设计规模1109.55万m^3/d，2022年新增设计规模80.15万m^3/d，其中11%的污水处理厂设计规模在1万m^3/d及以下，60%的污水处理厂设计规模在1万~5万m^3/d之间（不含1万m^3/d），14%的污水处理厂设计规模在5万~10万m^3/d（不含5万m^3/d）之间，12%的污水处理厂设计规模在10万~20万m^3/d（不含10万m^3/d）之间，3%的污水处理厂设计规模大于20万m^3/d，如图1.1-2所示。

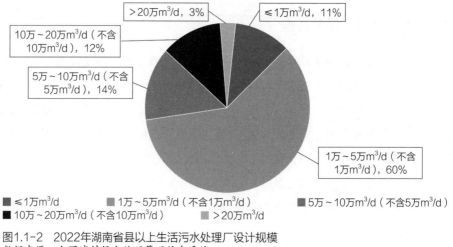

图1.1-2　2022年湖南省县以上生活污水处理厂设计规模
数据来源：全国城镇污水处理管理信息系统

1.1.4　2022年实际处理水量

2022年湖南省城市和县城平均日供水总量为968.42万m³/d，生活污水处理厂实际平均日处理水量为906.54万m³/d，相比2021年增加19.57万m³/d，其中45座污水处理厂的实际处理水量超出了设计处理规模，14个市州均有分布。湘潭市、永州市2个市污水处理厂2022年总处理水量超过了总设计规模，如图1.1-3所示。

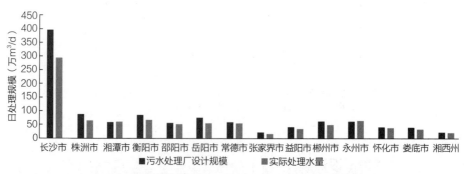

图1.1-3　2022年湖南省各市州县以上生活污水处理厂实际平均日处理水量与设计规模对比情况
数据来源：全国城镇污水处理管理信息系统

1.1.5　进出水水质

2022年湖南省县以上生活污水处理厂平均进水COD浓度为165.10 mg/L，平均出水COD浓度为12.49 mg/L，全年COD削减量为51.07万t；平均进水BOD_5浓度为73.64 mg/L，平均出水BOD_5浓度为3.13 mg/L，全年BOD_5削减量为23.60万t；平均进水NH_3-N浓度为15.50 mg/L，平均出水NH_3-N浓度为0.68 mg/L，全年

NH_3-N削减量为4.96万t；平均进水TN浓度为21.89 mg/L，平均出水TN浓度为7.50 mg/L，全年TN削减量为4.82万t；平均进水TP浓度为2.57 mg/L，平均出水TP浓度为0.19 mg/L，全年TP削减量为0.80万t，如图1.1-4～图1.1-8所示。

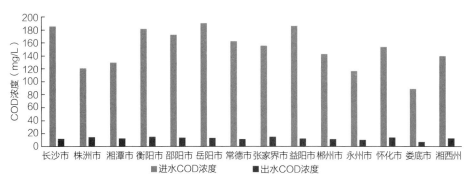

图1.1-4　2022年湖南省各市州县以上生活污水处理厂进出水COD浓度
数据来源：全国城镇污水处理管理信息系统

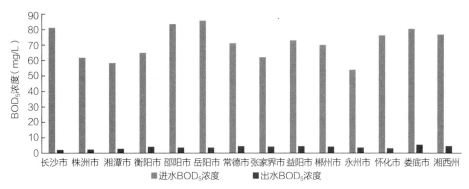

图1.1-5　2022年湖南省各市州县以上生活污水处理厂进出水BOD_5浓度
数据来源：全国城镇污水处理管理信息系统

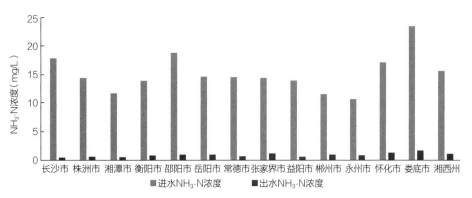

图1.1-6　2022年湖南省各市州县以上生活污水处理厂进出水NH_3-N浓度
数据来源：全国城镇污水处理管理信息系统

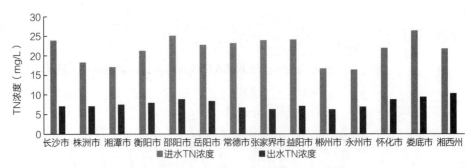

图1.1-7　2022年湖南省各市州县以上生活污水处理厂进出水TN浓度
数据来源：全国城镇污水处理管理信息系统

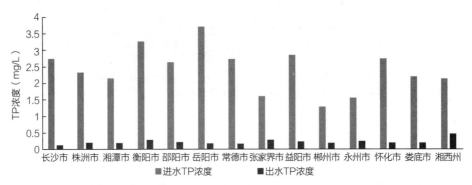

图1.1-8　2022年湖南省各市州县以上生活污水处理厂进出水TP浓度
数据来源：全国城镇污水处理管理信息系统

1.1.6　污水处理工艺

截至2022年，湖南省县以上生活污水处理厂的常规处理工艺普遍采用A^2O和氧化沟，部分污水处理厂采用几种不同工艺进行组合应用，如图1.1-9所示。

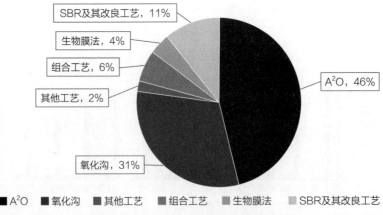

图1.1-9　2022年湖南省县以上生活污水处理厂常规处理工艺
数据来源：全国城镇污水处理管理信息系统

1.1.7 污泥处理处置情况

2022年湖南省县以上生活污水处理厂湿污泥产量为193.75万t（以80%含水率计），平均出厂含水率为70.90%。12%污水处理厂的污泥出厂含水率在50%以下，8%污水处理厂的污泥出厂含水率为50%，68%污水处理厂的污泥出厂含水率在50%~80%，9%污水处理厂的污泥出厂含水率为80%，3%污水处理厂的污泥出厂含水率为80%以上，如图1.1-10所示。

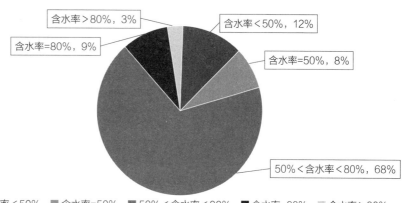

图1.1-10　2022年湖南省县以上生活污水处理厂污泥出厂含水率
数据来源：全国城镇污水处理管理信息系统

2022年湖南省县以上生活污水处理厂污泥处置方式主要包括土地利用、建材利用、焚烧利用、卫生填埋、其他，其中卫生填埋量占比24.58%，建材利用量占比23.04%，焚烧利用量占比34.57%，土地利用量占比6.93%，其他方式处置量占比10.88%，如图1.1-11所示。

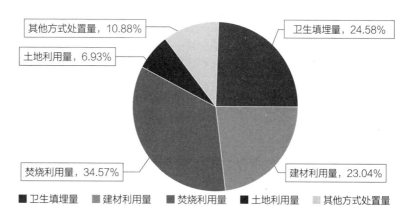

图1.1-11　2022年湖南省县以上生活污水处理厂污泥处置情况
数据来源：全国城镇污水处理管理信息系统

1.1.8 年用电量

2022年湖南省县以上生活污水处理厂总用电量为8.99亿kW·h，平均吨水用电量为0.27 kW·h/m³，与2021年持平，其中益阳市污水处理厂平均吨水用电量最高，为0.39 kW·h/m³，永州市污水处理厂平均吨水用电量最低，为0.16 kW·h/m³，如图1.1-12所示。按照出水排放标准进行分类，2022年湖南省169座县以上生活污水处理厂中出水排放标准为准Ⅳ类、一级A、一级B的污水处理厂平均吨水用电量分别为0.30 kW·h/m³、0.27 kW·h/m³、0.24 kW·h/m³，如图1.1-13所示。

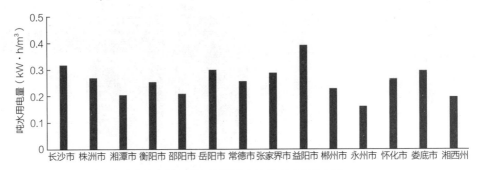

图1.1-12　2022年湖南省各市州县以上生活污水处理厂吨水用电量
数据来源：全国城镇污水处理管理信息系统

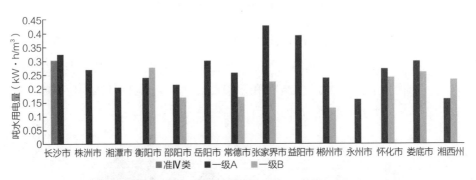

图1.1-13　2022年湖南省各市州县以上生活污水处理厂不同出水标准吨水用电量
数据来源：全国城镇污水处理管理信息系统

1.2　排水管网

1.2.1　管网长度

截至2022年，湖南省城市和县城排水管网总长度达到41 251.31 km，其中污水管道16 278.03 km，占比39.46%、雨水管道16 514.79 km，占比40.04%，雨污合流管道8 458.49 km，占比20.50%，如图1.2-1～图1.2-3所示。排水管道总长度较2021年增加3.94%（1 563.73 km），其中污水管道较2021年增加5.73%（881.95 km），雨水管道较2021年增加6.24%（969.68 km），雨污合流管道较2021年减少3.29%（287.90 km）。14个市州中排水管道总长度排名前三的为长沙、常德、衡阳，分别为8 992.67 km、4 119.25 km、3 428.23 km。

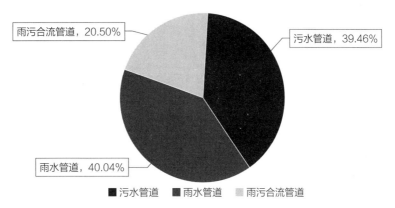

图1.2-1　2022年湖南省城市和县城不同类型排水管道长度占比情况
数据来源：《湖南省城市建设统计年鉴》

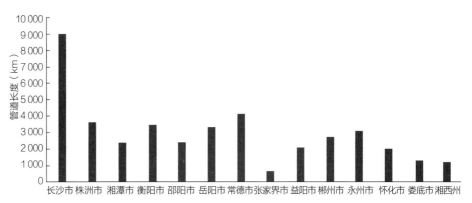

图1.2-2　2022年湖南省各市州城市和县城排水管道长度情况
数据来源：《湖南省城市建设统计年鉴》

1.2.2　管网密度

截至2022年，湖南省城市和县城建成区排水管道密度平均为11.47 km/km^2，较2021年增长5.60%。全省十四个市州中建成区排水管道密度排名前三的为湘潭、株洲、常德，分别为15.13 km/km^2、14.88 km/km^2、13.50 km/km^2，如图1.2-4所示。

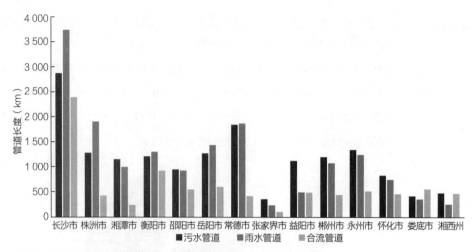

图1.2-3　2022年湖南省各市州城市和县城不同类型排水管道情况
数据来源：《湖南省城市建设统计年鉴》

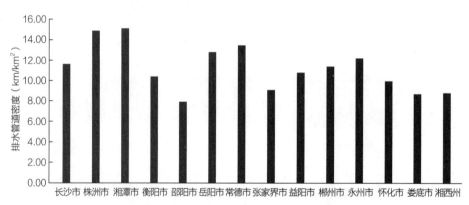

图1.2-4　2022年湖南省各市州城市和县城建成区排水管道密度情况
数据来源：《湖南省城市建设统计年鉴》

1.3 排水设施投资情况

根据《中国城乡建设统计年鉴》（2022），2022年湖南省城市和县城排水设施建设固定资产投资为96.02亿元，其中城市排水设施建设固定资产投资为58.91亿元，县城排水设施建设固定资产投资为37.11亿元。

2022年湖南省城市污水处理设施建设固定资产投资12.86亿元，污泥处置设施建设固定资产投资6.91亿元，再生水利用设施建设固定资产投资2.50亿元。

2022年湖南省县城污水处理设施建设固定资产投资25.44亿元，污泥处置设施建设固定资产投资0.31亿元，如图1.3-1所示。

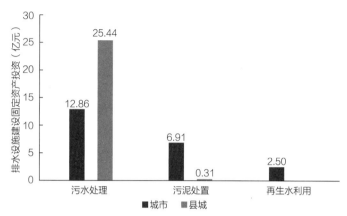

图1.3-1　2022年湖南省城市和县城排水设施固定资产投资情况（亿元）
数据来源：《中国城乡建设统计年鉴》（2022）

1.4　13个地级市和吉首市排水和污水处理设施对比分析

1.4.1　基本情况

2022年湖南省13个地级市（市本级，下同）和吉首市共62座市级污水处理厂，各城市污水处理厂座数对比如图1.4-1所示。

污水处理厂座数与市州经济状况和发展水平密切相关，湖南省国民经济总量

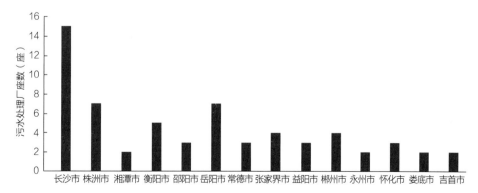

图1.4-1　2022年湖南省13个地级市和吉首市污水处理厂座数
数据来源：全国城镇污水处理管理信息系统

（GDP）排名靠前的长沙、株洲和岳阳，污水处理厂座数占全省污水处理厂座数的47%，其他城市污水处理厂座数分布较均匀。未来城市污水处理厂座数及分布或将随着经济、工业化和城镇化发展的差异呈现不同程度的变化。

1.4.2 设计规模

湖南省13个地级市和吉首市城市污水处理厂设计总规模为753.9万m^3/d，各城市2022年设计规模对比情况如图1.4-2所示。

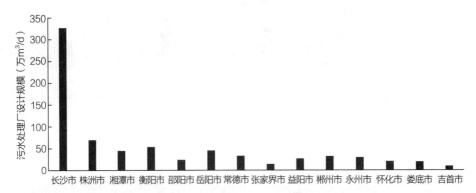

图1.4-2 2022年湖南省13个地级市和吉首市污水处理厂设计规模
数据来源：全国城镇污水处理管理信息系统

从处理规模看，省会长沙市污水处理设计规模最大，达到327万m^3/d，占13个地级市和吉首市污水处理厂设计总规模的43.37%；株洲市设计处理能力70万m^3/d，占比9.29%，位列第二。20万m^3/d及以上的污水处理厂10座，占13个地级市和吉首市污水处理厂总数的16.13%，长沙市5座、株洲市1座、湘潭市2座、衡阳市1座、永州市1座。5万m^3/d以下污水处理厂19座，占污水处理厂总数的30.65%。

1.4.3 实际处理水量

湖南省13个地级市和吉首市共62座污水处理厂，2022年实际处理水量为595.74万m^3/d，其中长沙市处理水量最多，达230.64万m^3/d，之后为株洲市、湘潭市。2022年各城市实际污水处理水量对比如图1.4-3所示。

2022年湖南省13个地级市和吉首市总水力负荷率为79.02%。湘潭市、永州市2个城市的污水处理厂日均实际处理水量已超过设计规模，其中湘潭市实际处理水量超设计规模4.48%，永州市实际处理水量超设计规模15.85%。

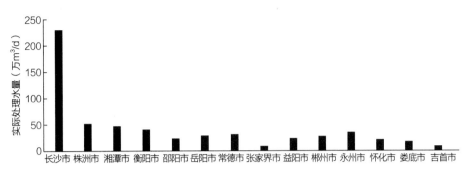

图1.4-3　2022年湖南省13个地级市和吉首市污水处理厂实际处理水量
数据来源：全国城镇污水处理管理信息系统

1.4.4　排放标准

湖南省13个地级市和吉首市62座污水处理厂中，长沙市洋湖再生水厂一期排放标准为准Ⅳ类，二期排放标准为一级A标准。有53座污水处理厂出水排放标准为一级A，占比85.49%，4座污水处理厂出水排放标准为一级B，为衡阳市江东污水处理厂、张家界市杨家溪污水处理厂、郴州市第三污水处理厂、吉首污水处理厂，占比6.45%，5座污水处理厂出水排放标准为准Ⅳ类，均位于长沙市，占比8.06%。2022年出水排放标准对比如图1.4-4所示。

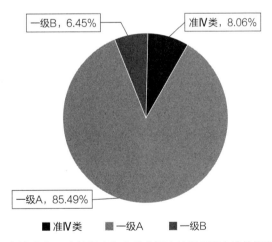

图1.4-4　2022年湖南省13个地级市和吉首市污水处理厂出水排放标准占比情况
数据来源：全国城镇污水处理管理信息系统

1.4.5　污泥处理处置情况

2022年湖南省13个地级市和吉首市62座污水处理厂湿污泥产量为125.15万t（以80%含水率计），平均出厂含水率为72.68%。37.1%污水处理厂的污泥出厂含水率在60%及以下（含60%），59.7%污水处理厂的污泥出厂含水率在60%~80%（含80%），3.2%污水处理厂的污泥出厂含水率在80%以上，如图1.4-5所示。

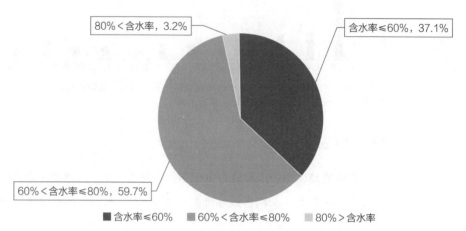

图1.4-5　2022年湖南省13个地级市和吉首市污水处理厂污泥出厂含水率
数据来源：全国城镇污水处理管理信息系统

2022年湖南省13个地级市和吉首市62座污水处理厂污泥处置方式主要包括土地利用、建材利用、焚烧利用、卫生填埋、其他方式处置，其中卫生填埋量占比25.01%，建材利用量占比22.19%，焚烧利用量占比34.91%，土地利用量占比7.31%，其他方式处置量占比10.58%，如图1.4-6所示。

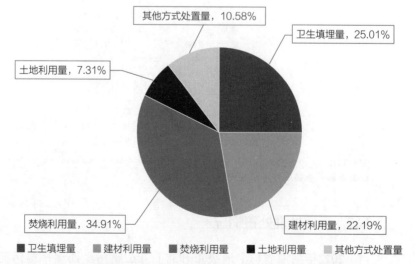

图1.4-6　2022年湖南省13个地级市和吉首市生活污水处理厂污泥处置情况
数据来源：全国城镇污水处理管理信息系统

1.4.6　用电情况

2022年湖南省13个地级市和吉首市62座污水处理厂总用电量为5.94亿 kW·h，平均吨水用电量为0.27 kW·h/m³，其中益阳市污水处理厂平均吨水用电量最高，为0.39 kW·h/m³，吉首市污水处理厂平均吨水用电量最低，为0.13 kW·h/m³。按照出水排放标准进行分类，2022年湖南省13个地级市和吉首市62座污水处理厂中出水排放标准为准Ⅳ类、一级A、一级B的污水处理厂平均吨水用电量分别为0.30 kW·h/m³、0.27 kW·h/m³、0.22 kW·h/m³。2022年湖南省13个地级市和吉首市污水处理厂吨水用电情况对比如图1.4-7所示。

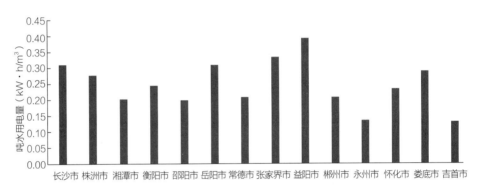

图1.4-7　2022年湖南省13个地级市和吉首市污水处理厂吨水用电情况
数据来源：全国城镇污水处理管理信息系统

1.5　县级城市（含县城）排水和污水处理设施对比分析

1.5.1　设计规模

湖南省有90个县级行政区划（除吉首市）涉及污水和排水处理设施，共计107座污水处理厂，合计设计规模为355.65万m³/d，各县级行政区划的污水处理厂设计规模对比如图1.5-1所示。

从处理规模看，长沙县污水处理设计规模最大，设计处理能力为52万m³/d，占全省县级区划污水处理厂设计规模总数的14.62%，县城污水处理能力与县城经济、城镇化水平等相关，长沙县在我国2022年百强县市排名第5。

图1.5-1　2022年湖南省县级行政区划污水处理厂设计规模
数据来源：全国城镇污水处理管理信息系统

1.5.2　实际处理水量

湖南省90个县级区划共计107座污水处理厂，2022年实际日均处理水量为310.79万m³/d，总水力负荷率为87.39%，其中排名前五的依次为长沙县（46.77万m³/d）、宁乡市（10.21万m³/d）、浏阳市（8.09万m³/d）、湘潭县（7.35万m³/d）、耒阳市（7.24万m³/d）；其余县级区划实际处理水量差异不明显。湖南省90个县级区划107座污水处理厂2022年污水处理水量对比如图1.5-2所示。

107座污水处理厂中有75座污水处理厂2022年实际处理水量未超设计规模，有32座污水处理厂2022年实际处理水量超过设计规模。

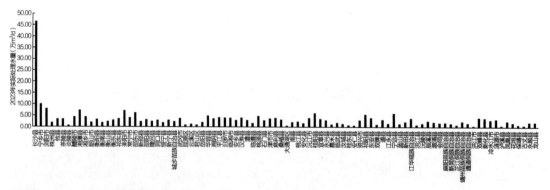

图1.5-2　2022年湖南省县级行政区划污水处理厂实际处理水量
数据来源：全国城镇污水处理管理信息系统

1.5.3　排放标准

湖南省90个县级区划107座污水处理厂中，有83座污水处理厂出水排放标准为一级A，占比78.50%，22座污水处理厂出水排放标准为一级B，占比19.63%，

2座污水处理厂出水排放标准为准Ⅳ类,占比1.87%,这2座污水处理厂均在长沙县,分别是城南(榔梨)污水处理厂、城西污水处理厂。湖南省90个县级区划107座污水处理厂出水排放标准对比如图1.5-3所示。

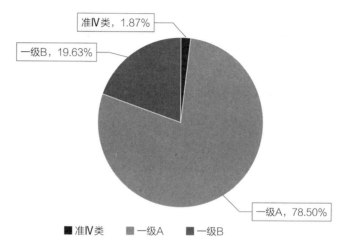

图1.5-3　2022年湖南省县级行政区划污水处理厂出水排放标准占比情况
数据来源：全国城镇污水处理管理信息系统

从出水排放标准看,2022年湖南省县级区划污水处理厂出水排放标准主要集中在一级A和一级B,未来随着污水处理厂出水水质要求的提高,一级A和湖南省地标排放标准的项目比例将继续增高,一级B排放标准的项目比例将减少。

1.5.4　污泥处理处置情况

2022年湖南省90个县级区划107座污水处理厂合计湿污泥产量为66.80万t(以80%含水率计),平均出厂含水率为66.91%。64.49%污水处理厂的污泥出厂含水率在60%及以下(含60%),32.71%污水处理厂的污泥出厂含水率在60%~80%(含80%),2.8%污水处理厂的污泥出厂含水率在80%以上,如图1.5-4所示。

2022年湖南省90个县级区划107座污水处理厂污泥处置方式主要包括土地利用、建材利用、焚烧利用、卫生填埋、其他方式处置。其中卫生填埋量占比52.70%,建材利用量占比26.80%,焚烧利用量占比15.09%,土地利用量占比1.30%,其他方式处置量占比4.11%。湖南省90个县级区划107座污水处理厂2022年污泥处置方式对比如图1.5-5所示。

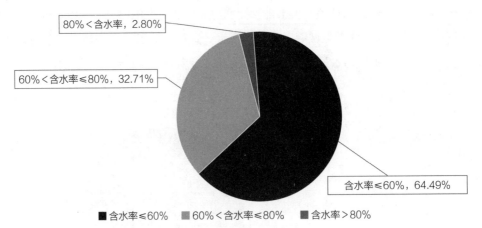

图1.5-4 2022年湖南省县级行政区划污水处理厂污泥含水率
数据来源：全国城镇污水处理管理信息系统

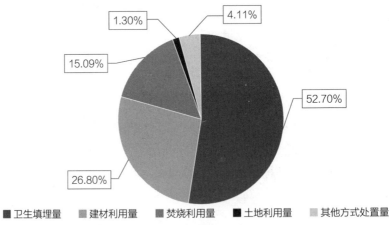

图1.5-5 2022年湖南省县级行政区划污水处理厂污泥处置方式
数据来源：全国城镇污水处理管理信息系统

1.5.5 用电情况

2022年湖南省90个县级区划107座污水处理厂总用电量为3.02亿kW·h，平均吨水用电量为0.27 kW·h/m³，其中云溪区污水处理厂平均吨水用电量最高，为0.65 kW·h/m³，双牌县污水处理厂平均吨水用电量最低，为0.10 kW·h/m³。按照出水排放标准进行分类，2022年全省90个县级区划107座污水处理厂中出水排放标准为准Ⅳ类、一级A、一级B的污水处理厂平均吨水用电量分别为0.31 kW·h/m³、0.27 kW·h/m³、0.24 kW·h/m³。湖南省90个县级区划107座污水处理厂2022年吨水用电情况对比如图1.5-6所示。

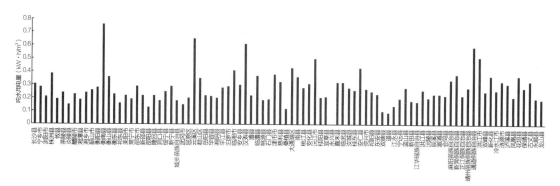

图1.5-6　2022年湖南省县级行政区划污水处理厂吨水用电情况
数据来源：全国城镇污水处理管理信息系统

1.6 洞庭湖区域排水和污水处理设施对比分析

1.6.1 污水处理厂基本情况

洞庭湖区域主要包括长沙望城区、岳阳市、常德市及益阳市区域，截至2022年底，共有污水处理厂39座，其中长沙望城区1座、岳阳市17座、常德市11座、益阳市10座，如图1.6-1所示。

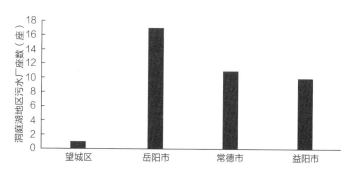

图1.6-1　洞庭湖区域各地区污水处理厂座数
数据来源：全国城镇污水处理管理信息系统

1.6.2 设计规模

截至2022年底，洞庭湖区域污水处理厂总设计规模186.65万m^3/d，其中岳阳市污水处理厂总设计规模最大，为75万m^3/d，其后是常德市59万m^3/d，益阳市40.65万m^3/d，望城区12万m^3/d，如图1.6-2所示。

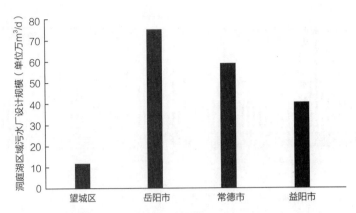

图1.6-2 洞庭湖区域污水处理厂设计规模
数据来源：全国城镇污水处理管理信息系统

1.6.3 实际处理水量

2022年全年，洞庭湖区域实际日均污水处理水量为155.34万m^3/d，总体水力负荷率为83.23%，常德市水力负荷率最高，实际日均处理水量54.95万m^3/d，水力负荷率达93.14%，望城区实际日均处理水量11.08万m^3/d，水力负荷率达92.33%；益阳市实际日均处理水量34.25万m^3/d，水力负荷率84.26%，岳阳市水力负荷率最低，实际日均处理水量55.06万m^3/d，水力负荷率仅73.41%，如图1.6-3所示。

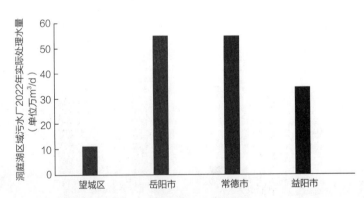

图1.6-3 洞庭湖区域污水处理厂实际污水处理量
数据来源：全国城镇污水处理管理信息系统

1.6.4 排放标准

洞庭湖区域39座污水处理厂中，全部执行一级A及以上排放标准，1座污水处理厂已执行准Ⅳ类排放标准，即望城污水处理厂，如图1.6-4所示。岳阳市污水处理厂出水TP浓度按0.2mg/L控制。

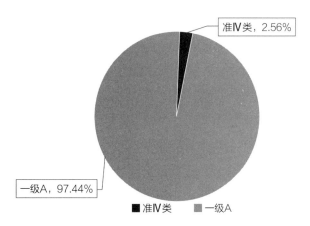

图1.6-4　洞庭湖区域污水处理厂排放标准占比情况
数据来源：全国城镇污水处理管理信息系统

1.6.5　污泥处理处置情况

2022年洞庭湖区域39座污水处理厂合计湿污泥产量为31.14万t（以80%含水率计），平均出厂含水率为68.33%。53.85%污水处理厂的污泥出厂含水率在60%及以下（含60%），41.02%污水处理厂的污泥出厂含水率在60%~80%（含80%），5.13%污水处理厂的污泥出厂含水率在80%以上，如图1.6-5所示。

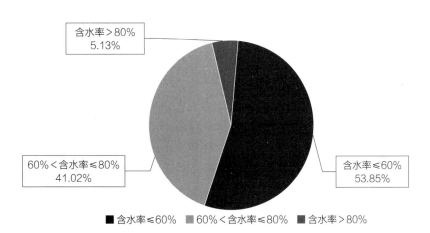

图1.6-5　2022年湖南省洞庭湖区域污水处理厂污泥含水率
数据来源：全国城镇污水处理管理信息系统

2022年度，洞庭湖区域污水处理厂污泥处置方式主要包括土地利用、建材利用、焚烧利用、卫生填埋、其他方式处置，其中建材利用量占比23.13%，焚烧利用量占比57.22%，卫生填埋量占比16.12%，土地利用量占比2.18%，其他方式处置量占比1.35%，如图1.6-6所示。

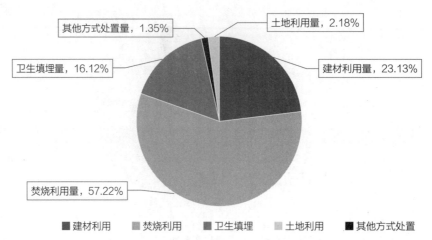

图1.6-6　洞庭湖区域污水处理厂污泥处置方式
数据来源：全国城镇污水处理管理信息系统

1.6.6　用电情况

2022年度，洞庭湖区域污水处理厂平均吨水电耗为0.30 kW·h/m³（全部执行一级A及以上排放标准，其中望城污水处理厂执行准Ⅳ类排放标准），望城区、岳阳市、常德市、益阳市各地区平均吨水电耗情况如图1.6-7所示。其中益阳市平均吨水电耗最高为0.39 kW·h/m³，常德市平均吨水电耗最低为0.26 kW·h/m³。

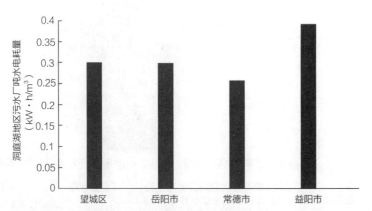

图1.6-7　洞庭湖区域污水处理厂吨水电单耗对比图
数据来源：全国城镇污水处理管理信息系统

第 2 章

湖南省
城镇排水现状分析

2.1 服务区域及人口分析

2.1.1 现状及近五年变化情况分析

截至2022年底,湖南省城市和县城排水与污水处理服务区域总面积达到3 372.92km²,服务人口达到3 102.88万人,较2021年底增长1.58%。根据2017年~2022年上述数据变化情况分析,湖南省城市和县城排水与污水处理服务区域面积和服务人口近五年分别增长14.89%、1.94%,如图2.1-1所示。

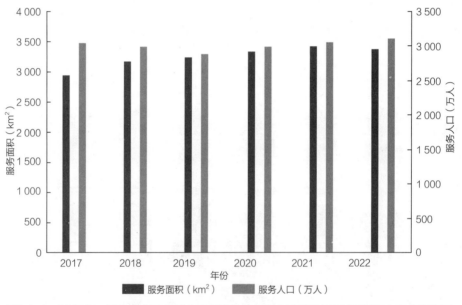

图2.1-1　2017年~2022年湖南省城市和县城排水与污水处理服务区域面积和人口变化情况
数据来源:《湖南省城市建设统计年鉴》

2.1.2 与其他省份对比情况分析

根据图2.1-2和图2.1-3关于2022年全国各省城市和县城排水与污水处理服务区域面积和服务人口情况对比分析可知,湖南省城市和县城排水与污水处理服务区域面积和服务人口在全国排名分别为第十、第七,在中部六省排名分别为第四、第二,在全国及周边省份均为中等偏上的水平。

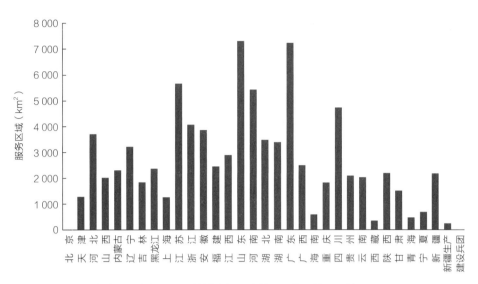

图2.1-2 2022年全国各省城市和县城排水与污水处理服务区域面积情况
数据来源：《中国城建统计年鉴》

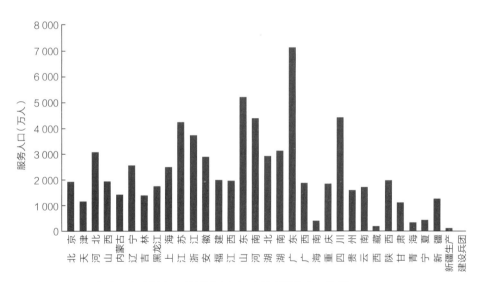

图2.1-3 2022年全国各省城市和县城排水与污水处理服务人口情况
数据来源：《中国城建统计年鉴》

2.2 排水管网情况分析

2.2.1 现状及近五年变化情况分析

截至2022年底，湖南省城市和县城建成区排水管道长度达到41 251.31km，较

2021年增长3.94%。根据2017年~2022年上述数据变化情况分析，湖南省城市和县城排水管道长度总体呈逐渐增长的趋势，近五年增长59.22%，如图2.2-1所示。

截至2022年底，湖南省城市和县城建成区排水管道密度达到11.47km/km²，较2021年增长5.60%。根据2017年~2022年上述数据变化情况分析，湖南省城市和县城建成区排水管道密度总体呈逐渐增长的趋势，近五年增长28.80%，如图2.2-2所示。

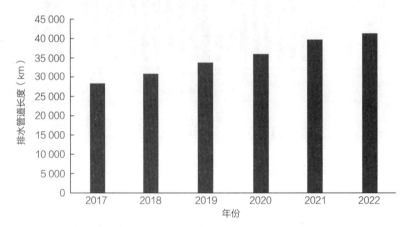

图2.2-1　2017年~2022年湖南省城市和县城排水管道长度变化情况
数据来源：《湖南省城市建设统计年鉴》

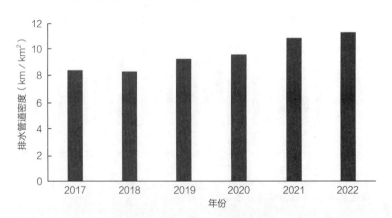

图2.2-2　2017年~2022年湖南省城市和县城建成区排水管道密度变化情况
数据来源：《湖南省城市建设统计年鉴》

2.2.2　与其他省份对比情况分析

根据图2.2-3关于2022年全国各省城市和县城建成区排水管道长度情况对比分析可知，湖南省2022年城市和县城排水管道长度在全国排名为第九，在中部六省排名为第四，在全国处于中等偏上的水平，在周边省份处于中等水平。

根据图2.2-4和图2.2-5关于2022年全国各省城市和县城建成区排水管道密度情况对比分析可知，湖南省2022年城市、县城建成区排水管道密度在全国排名分别为第十六、第十，在中部六省排名均为第四，其中城市建成区排水管道密度低于全国平均水平的12.34km/km^2。

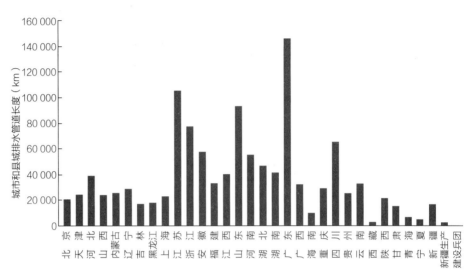

图2.2-3　2022年全国各省城市和县城建成区排水管道长度
数据来源：《中国城建统计年鉴》

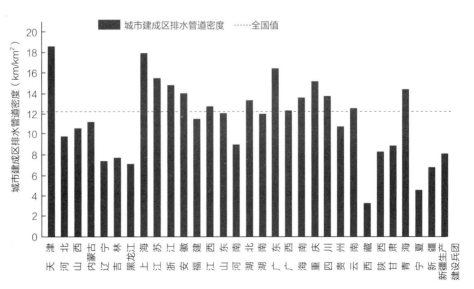

图2.2-4　2022年全国各省城市建成区排水管道密度
数据来源：《中国城建统计年鉴》

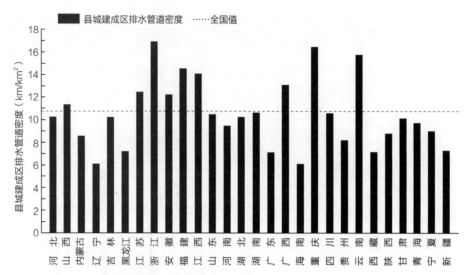

图2.2-5　2022年全国各省县城建成区排水管道密度
数据来源：《中国城建统计年鉴》

2.3 污水处理规模情况分析

2.3.1 现状及近五年变化情况分析

截至2022年底，湖南省县以上生活污水处理厂数量为169座，总的处理能力达到1 109.55万m^3/d，较2021年，污水处理能力增加11.86%。根据2017年～2022年上述数据变化情况分析，近五年污水处理厂数量和污水处理能力均呈逐渐增加的趋势，如图2.3-1所示。

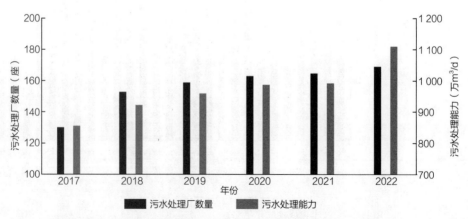

图2.3-1　2017年～2022年湖南省县以上生活污水处理厂及处理能力变化情况
数据来源：《湖南省城市建设统计年鉴》

2.3.2 与其他省份对比情况分析

根据图2.3-2关于2022年全国各省县以上生活污水处理厂数量及处理能力情况对比分析可知，2022年湖南省县以上生活污水处理厂数量排名为第十，处理能力在全国各省排名为第八，在中部六省排名均为第二，在全国处于中等偏上的水平，在周边省份处于较高水平。

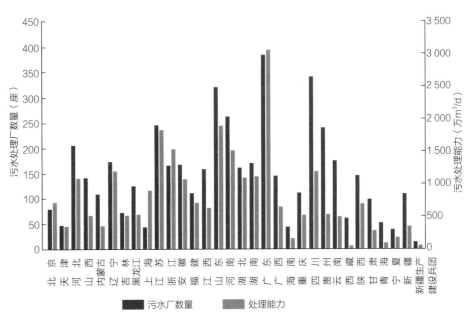

图2.3-2 2022年全国各省县以上生活污水处理厂数量及处理能力情况
数据来源：《中国城建统计年鉴》

2.4 排水设施建设固定资产投资情况分析

2.4.1 现状及近五年变化情况分析

2022年，湖南省城市和县城排水设施建设固定资产投资为96.02亿元，较2021年降低了36.74%。根据2017年~2022年上述数据变化情况分析，湖南省城市和县城排水设施建设固定资产投资近五年增长83.98%，如图2.4-1所示。

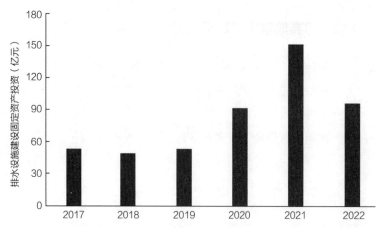

图2.4-1　2017年~2022年湖南省城市和县城排水设施建设固定资产投资变化情况
数据来源：《湖南省城市建设统计年鉴》

2.4.2　与其他省份对比情况分析

根据图2.4-2关于2022年全国各省城市和县城排水设施建设固定资产投资情况对比分析可知，湖南省2022年城市和县城排水设施建设固定资产投资额在全国排名为第十三，在中部六省排名为第五，湖南省排水设施建设固定资产投资额在全国处于中等水平，在周边省份处于较低水平。

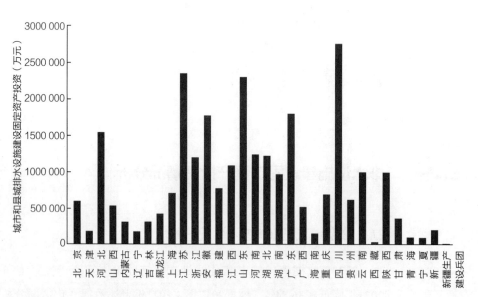

图2.4-2　2022年全国各省城市和县城排水设施建设固定资产投资
数据来源：《中国城建统计年鉴》

2.5 污水处理厂运行费用情况分析

2022年，湖南省城市和县城污水处理厂运行费用达到43.08亿元，如图2.5-1所示，全省14个市州中污水处理厂运行费用排前三的是长沙、株洲、常德，分别为17.60亿元、3.24亿元、1.96亿元。根据2017年~2022年上述数据变化情况分析，湖南省污水处理厂运行费用总体呈逐渐增长的趋势，近五年增长95.73%，如图2.5-2所示。

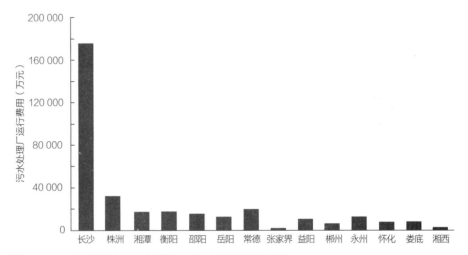

图2.5-1　2022年湖南省各市州城市污水处理厂运行费用
数据来源：《湖南省城市建设统计年鉴》

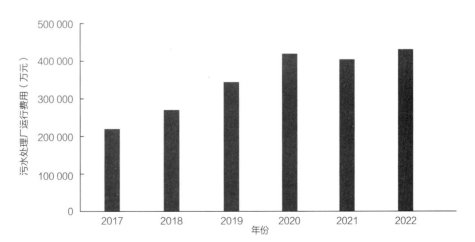

图2.5-2　2017年~2022年湖南省污水处理厂运行费用变化情况
数据来源：《湖南省城市建设统计年鉴》

2.6 进水浓度及污染物削减情况分析

2022年，湖南省县以上生活污水处理厂平均进水COD、BOD_5浓度分别为165.10mg/L、73.64mg/L。全省14个市州中2022年平均进水COD浓度排前三的是岳阳、长沙、益阳，分别为190.69mg/L、187.38mg/L、185.44mg/L，进水BOD_5浓度排前三的是岳阳、邵阳、长沙，分别为85.72mg/L、83.54mg/L、81.64mg/L，14个市州污水处理厂平均进水BOD_5浓度均未达到100mg/L，如图2.6-1、图2.6-2所示。

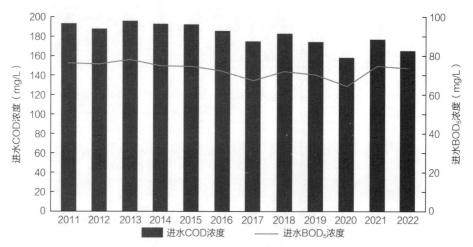

图2.6-1 2011年~2022年湖南省县以上生活污水处理厂平均进水COD、BOD_5浓度变化情况
数据来源：全国城镇污水处理管理信息系统

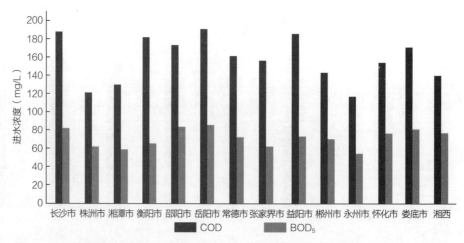

图2.6-2 2022年湖南省各市州县以上生活污水处理厂平均进水浓度情况
数据来源：全国城镇污水处理管理信息系统

2011年~2020年污水处理厂进水COD、BOD_5浓度呈现下降的趋势可能与合流制管网占比情况、污水收集管网出现病害问题导致外水入渗,以及黑臭水体整治过程中采用末端截污的方式等原因有关,而近两年来污水处理厂进水COD、BOD_5浓度有一定的上升,可能与各地开展雨污分流、管网病害修复等污水处理提质增效相关工程有关。

2016年~2022年湖南省县以上生活污水处理厂污染物削减量变化情况如图2.6-3所示。近六年,湖南省县以上生活污水处理厂各污染物削减量均呈逐渐上升的趋势。2022年COD、BOD_5、SS、NH_3-N、TN、TP削减总量分别达到51.07万t、23.60万t、44.34万t、4.96万t、4.82万t、0.80万t;较2016年分别提升46.26%、68.18%、56.70%、75.55%、59.32%、114.14%。

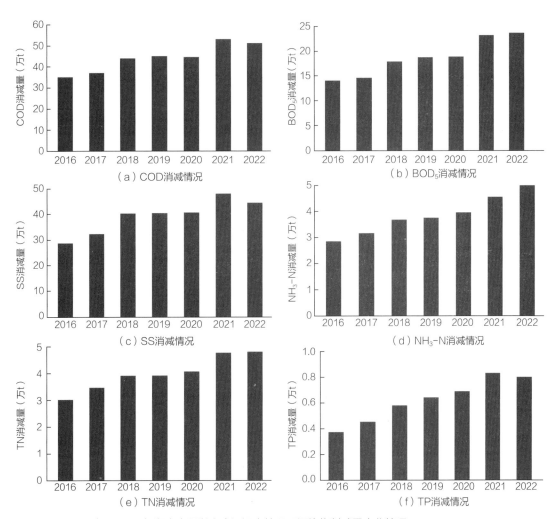

图2.6-3 2016年~2022年湖南省县以上生活污水处理厂污染物削减量变化情况
数据来源:全国城镇污水处理管理信息系统

2.7 污泥处置情况分析

2022年,湖南省县以上生活污水处理厂共产生湿污泥193.75万t(以80%含水率计),平均出厂含水率为70.90%,较2021年的203.38万t(以80%含水率计)减少4.7%,湿污泥量基本维持不变。

2.8 再生水利用情况分析

2.8.1 现状及近五年变化情况分析

截至2022年湖南省城市和县城再生水生产能力达到130.94万m³/d,较2021年提升16.45%,再生水利用量为38 659.62万m³,较2021年提升22.07%,主要包括城市杂用408.83万m³、工业508.96万m³、景观环境34 905.69万m³、绿地灌溉386.26万m³、农业灌溉2 424.07万m³、其他25.81万m³,其中景观环境占比最大,达到90.29%。2017年~2022年湖南省城市和县城再生水生产能力及利用量变化情况如图2.8-1所示,再生水生产能力和再生水利用量均呈现逐渐上升的趋势。

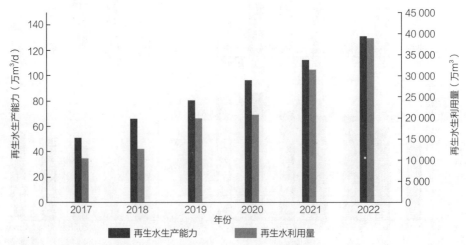

图2.8-1 湖南省城市和县城再生水生产能力及利用量变化情况
数据来源:《湖南省城市建设统计年鉴》

2.8.2 与其他省份对比情况分析

根据图2.8-2，2022年全国各省城市和县城再生水生产能力及利用情况对比分析可知，湖南省城市和县城2022年再生水生产能力及利用量在全国的31个省份中分别排第十九、第十七，在中部六省中排第五、第四，在全国及周边省份相对处于中等偏后水平。

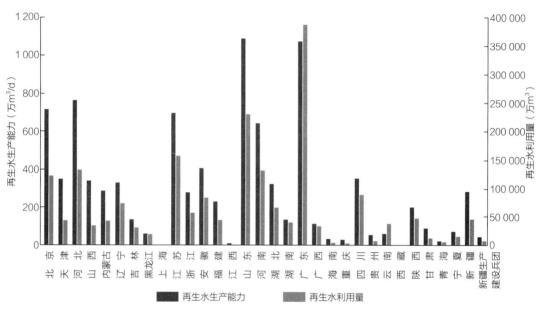

图2.8-2　2022年各省城市和县城再生水生产能力及利用量情况
数据来源：《中国城建统计年鉴》

2.9 降雨情况

2022年湖南省年平均降雨量为1 233.6mm，与2021年相比减少11.59%。全省14个市州中2022年降雨量最大和最小的分别为郴州市和岳阳市，分别为1 575.2mm和1 050.0mm，如图2.9-1和表2.9-1所示。湖南省各个市州降雨时空分布不均匀，总体来看，4～6月雨水较多，8～10月雨水较少。

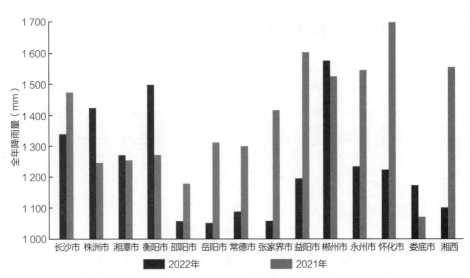

图2.9-1 湖南省14个市州2022年和2021年全年降雨量分布情况
数据来源：《湖南统计年鉴》

湖南省14个市州2022年降雨量统计表（单位：mm）　　表2.9-1

城市	1月	2月	3月	4月	5月	6月	7月	8月	9月	10月	11月	12月
长沙市	177.3	116.8	173.1	155.7	232.5	145.9	204.9	6.3	0.0	20.9	82.2	22.2
株洲市	173.9	151.4	143.3	199.9	312.4	156.0	147.7	7.5	0.3	19.1	90.6	19.8
湘潭市	161.6	143.6	138.2	204.7	275.7	121.3	118.5	2.5	0.6	16.6	64.2	21.9
衡阳市	152.5	163.1	123.7	251.4	338.8	174.3	148.2	0.0	0.1	0.6	119.0	26.0
邵阳市	175.0	137.4	87.4	103.4	214.6	125.3	150.8	0.9	0.0	1.7	34.2	24.9
岳阳市	132.3	62.2	159.2	152.3	86.2	262.9	64.3	15.4	3.5	34.0	69.2	8.5
常德市	128.8	46.6	118.8	175.9	141.4	120.3	226.4	0.2	11.4	32.5	74.0	10.5
张家界市	86.5	33.7	101.8	173.9	162.7	127.7	265.9	0.2	15.9	37.9	41.2	9.4
益阳市	174.3	109.9	138.1	174.1	109.4	90.6	218.1	40.9	2.3	28.7	93.0	14.0
郴州市	111.3	224.7	93.7	163.9	406.8	278.0	66.5	20.0	5.6	10.2	157.8	36.7
永州市	110.9	171.3	79.1	240.8	277.9	122.9	103.3	7.5	0.0	0.4	88.6	30.0
怀化市	141.6	86.5	145.0	165.0	205.7	200.0	168.3	31.0	0.0	30.4	26.1	22.8
娄底市	167.2	137.5	111.0	168.4	245.4	99.7	141.9	0.1	0.0	11.2	63.1	26.5
吉首市	115.8	76.6	84.3	157.5	181.3	260.0	70.0	0.0	8.2	67.9	60.0	17.7

数据来源：《湖南统计年鉴》

第 3 章

排水行业
高质量发展探讨

3.1 关于排水行业高质量发展面临的几个问题的思考

随着在城镇排水与污水处理上连续多年较高强度投入，我国在排水与污水处理方面取得巨大进步，城市水环境得到了显著改善。与此同时，我国排水行业在污水处理费价格、排水管理体制、标准等诸多方面，仍有需要完善的地方。本章就排水行业高质量发展展开一些思考和探讨。

3.1.1 完善价格体系

2013年颁布的《城镇排水与污水处理条例》（国务院令第641号）从法律层面确定了"排水单位和个人应当按照国家有关规定缴纳污水处理费"，要求"污水处理费应当纳入地方财政预算管理，专项用于城镇污水处理设施的建设、运行和污泥处理处置，不得挪作他用。污水处理费的收费标准不应低于城镇污水处理设施正常运营的成本。因特殊原因，收取的污水处理费不足以支付城镇污水处理设施正常运营的成本的，地方人民政府给予补贴"。2015年，国家发展改革委、财政部、住房和城乡建设部印发了《关于制定和调整污水处理收费标准等有关问题的通知》明确收费标准，要求各地污水处理费征收标准居民不低于0.95元/t，非居民不低于1.4元/t。"已经达到最低收费标准但尚未补偿成本并合理盈利的，应当结合污染防治形势等进一步提高污水处理收费标准"。同年，财政部、国家发展改革委、住房和城乡建设部印发了《污水处理费征收使用管理办法》（财税〔2014〕151号）确定"污水处理费的征收标准，按照覆盖污水处理设施正常运营和污泥处理处置成本并合理盈利的原则制定"。

湖南省居民生活污水处理费收费征收标准一般在0.75~1.1元/t。根据调研，湖南省86%的污水处理厂排放标准在一级A及以上，且85%以上的污水处理厂采用特许经营模式运营，排放标准一级A的污水处理厂运营服务费在1.2~1.6元/t，收缴的生活污水处理费很难覆盖污水处理服务费，需要地方政府填补空缺部分。此外，政府还得承担污泥处理处置、排水管网维护等费用，这些因素给地方政府带来了更大的压力。

污水管网与污水提升泵站是污水处理体系中非常重要的一环，这方面的成本是没有计入居民生活污水处理费的。城市维护费可以为管网维护提供部分资金，但金额很小，可能仅能满足每年维修更换排水管道井盖的资金需要。

为缓解污水处理费收支不平衡的压力，上海、常州等城市已把居民污水处理费调整到2元/t左右，基本做到污水处理费可以覆盖污水处理厂的运行成本，促进了污水处理行业可持续发展。

破解湖南排水行业价格机制的困局，可从以下方面着手：①大力开展节水工作：推广节水器具、再生水利用等，从源头减少污水产生量和居民的压力；②适当提高污水处理费水平，建立科学合理调价机制：根据经济发展情况，综合考虑居民收入和支出结构逐步提高污水处理费收费标准，把排水管网维护成本、污泥处置成本摊入水价中；③实行厂网一体、按效付费的体制机制改革，推动排水管网的市场化运营，提高污水管网运行效能，消减外水入渗量，提高污水处理厂进水浓度，提高污水处理效能，建立污水处理以减排为目标的新体系，将最终水环境改善情况作为付费重要依据。

3.1.2　厂网河湖一体综合治理

2019年4月，住房和城乡建设部、生态环境部、国家发展改革委印发了《城镇污水处理提质增效三年行动方案（2019—2021年）》（建城〔2019〕52号），提出要积极推行污水处理厂、管网与河湖水体联动"厂—网—河（湖）"一体化、专业化运行维护，保障污水收集处理设施的系统性和完整性。2020年7月，国家发展改革委、住房和城乡建设部印发了《城镇生活污水处理设施补短板强弱项实施方案》（发改环资〔2020〕1234号），提出要积极推广"厂网一体化"，落实建设管养实施主体，建立常态化建设管养机制。2021年6月，国家发展改革委、住房和城乡建设部印发《"十四五"城镇污水处理及资源化利用发展规划》（发改环资〔2021〕827号），提出推广实施供排水一体化，"厂—网—河（湖）"一体化专业化运行维护，保障污水收集处理设施的系统性和完整性。

湖南省大部分地区污水管网和处理属于"厂网分离"状态，即污水管网由政府部门投资、建设、管理，污水处理厂采取PPP模式引入社会资本投资、建设、管理。收取的污水处理费只包括污水处理和污泥处置费用，不包括管网的建设运维费用，污水管网建设运维没有收益，导致市场机制失灵，污水管网资产属性被忽视，经营性特征不明显，社会资本投入意愿不高。同时污水管网建设和运维主体存在多元化或未明确的责任主体，缺乏统一高效的管理，普遍存在管网维护职责不清、标准不一、投入不足、效能不高等问题。

2023年11月30日，湖南省在全国率先出台《湖南省城镇污水管网建设运行管理若干规定》，明确提出"新建污水处理厂应当实行厂网一体化、专业化运行维护；现有污水处理厂暂未实行厂网一体化、专业化运行维护的，应当逐步实行。排水主管部门应当推行污水处理绩效付费管理制度，将污水处理厂进水污染物浓度、污染物削减量和污泥无害化处理率等指标纳入考核范围"。通过实行厂网一体化，实行将污染物削减量等核心指标与厂方收益直接关联，建立污染物削减效能绩效合同管理制度，激发推进污水治理提升的内生动力，有利于推动污水处理"厂网一体化、运营市场化、管理专业化"转型，有利于实现精准、科学、依法治污，提升污水收集处理设施运营效率。

3.1.3 完善标准治理溢流污染

当前，合流制溢流污染控制是我国当前城市水环境治理的难点和痛点。中央和省级环保督察典型案例通报中，几乎每次都有城市排水系统溢流污染或雨天污水直排问题。实施完全的雨污分流制改造是彻底解决溢流污染问题的有效手段。但是，各地的雨污分流改造推动进展缓慢。在老城区实施合流制管网雨污分流改造存在难度大、周期长、进展慢的问题，主要原因有：①投资巨大，财政能力难以承受；②城市地下空间紧张，城市道路管线错综复杂，难以实施；③需要逐一改造每个小区、每栋建筑的排水系统，协调难度极大；④施工期存在需要大范围开挖道路、阻塞交通、影响环境等阻碍因素。

2013年《国务院办公厅关于做好城市排水防涝设施建设工作的通知》（国办发〔2013〕23号）提出"力争用5年时间完成排水管网的雨污分流改造"，之后，很多城市把合流制排水管网的雨污分流改造作为一项重要工作推动。但实际上我国近十年来的雨污分流改造进展十分缓慢，根据《中国城市建设统计年鉴》，我国设市城市2013年的合流制管网长度为10.35万km，到2022年依然有8.59万km，9年仅减少17%。即使是经济实力强、雨污分流改造政策力度大的江苏省无锡市，其雨污分流改造也历时约15年才基本完成（2007年~2021年）。所以，雨污分流改造是一项长期工程，如果把雨污分流改造作为城市合流制溢流污染控制方案，则需要充分论证溢流污染控制目标与雨污分流改造所需的时间是否存在矛盾。

国家发展改革委、住房和城乡建设部在2020年7月印发的《城镇生活污水处理设施补短板强弱项实施方案》（发改环资〔2020〕1234号）和2021年6月印发的《"十四五"城镇污水处理及资源化利用发展规划》（发改环资〔2021〕827号）中，提出因地制宜实施雨污分流改造，对暂不具备雨污分流改造条件的，要因地制宜采取源头改造、溢流口改造、截流井改造、破损修补、管材更换、增设调蓄设施、建设溢流污水快速净化设施、雨污分流改造等工程措施，降低合流制管网雨季溢流污染。为加快推进湖南省排水系统的溢流污染治理，2022年7月，湖南省住房和城乡建设厅印发了《湖南省排水系统溢流污染控制技术导则》（湘建城〔2022〕149号）。

尽管湖南省住房和城乡建设厅出台了该技术导则，但依然需要有省级以上的溢流污染控制考核标准和溢流污水净化设施出水水质标准的配套才能更好地推动溢流污染控制的具体项目落地。缺少溢流污染控制的具体考核标准，会导致截流倍数、调蓄池容积、净化设施规模等溢流污染控制的关键参数难以确定。缺少溢流污水净化设施出水水质标准，会导致净化设施工艺难以确定。缺少溢流污水净化设施出水水质标准，还会导致污水处理厂不能排放经一级处理后的溢流污水，溢流污水只能在厂前的排水管网溢流排放。这是因为目前的环保政策要求污水处理厂出水必须达到《城镇污水处理厂污染物排放标准》GB 18918—2002要求，否则就是违法排放。如是，形成了一个尴尬的悖论：污水处理厂不处理溢流污水没有责任，但如果利用一级处理设施处理溢流污水就可能会被处罚。

因此，希望有关部门加强溢流污染控制关键技术研究，加快溢流污染控制考核标准及相关技术标准制定。

3.1.4 绿色低碳开拓污水处理新方向

污水处理厂作为城市水环境治理的重要治污单位，在水环境改善上起到重要作用，做出重大成绩。根据生态环境部的数据，我国地表水环境质量持续向好，重点流域水质改善明显，长江干流连续4年、黄河干流连续2年全线水质保持Ⅱ类。根据《中国城乡建设统计年鉴》（2022）数据，全国城市污水处理厂共4 695座，处理能力为2.58亿m^3/d，污水年处理总量为738.30亿m^3，污水处理能力和污水处理量全球第一。

虽然，污水处理厂在水环境上做出重要成绩，但也存在能源消耗大、碳排放量大、邻避效应强等问题。有研究表明，污水处理厂用电量和排碳量占全社会1%~2%，是用电大户和排碳大户。

国内大部分污水处理厂采取与政府签订运营协议或特许经营协议，或以PPP方式市场运营，政府按协议定期核定水量、水价，支付运营服务费的模式经营。

污水处理厂作为能源消耗大户、邻避效应严重、费用来源单一的单位，今后应如何发展？我们认为应把握国家的政策主动求变。

2023年12月，国家发展改革委、住房和城乡建设部、生态部联合印发《关于推进污水处理减污降碳协同增效的实施意见》提出："到2025年，污水处理行业减污降碳协同增效取得积极进展，能效水平和降碳能力持续提升。地级及以上缺水城市再生水利用率达到25%以上，建成100座能源资源高效循环利用的污水处理绿色低碳标杆厂。"并在设备节能、智能调控、污水源热泵、合同能源管理、光伏+模式、再生水利用、能源回收等方面做了具体规定。

随着污水处理厂开展光伏、污水源热泵、沼气发电、污水磷回收等科技不断成熟，污水处理厂增加了以居民或酒店、商店供冷供热，市政、景观等再生水利用、化肥、化工企业等多服务对象。资金从政府单一来源逐步转换为政府、企事业单位多方面来源，增加了污水处理企业活力。例如：长沙市洋湖再生水厂尾水每日向洋湖湿地公园和周边自然水体进行水体补充，改善水体水环境；成立能源公司，利用污水源热泵将热能输送到周边小区，提高周边小区品质和生活质量；深圳、安徽等地部分污水处理厂做好除臭，将厂区上层开发为全开放公园，供城市居民使用，彻底改变邻避效应；北京、江苏宜兴部分污水处理厂打造能源自持，大大降低碳排放量和能源运营费用；四川绵阳打造智能"黑灯污水处理厂"降低运营人员压力等。这些实例都是我们需要研究的对象。

3.2 排水行业相关探索

3.2.1 《湖南省排水系统溢流污染控制技术导则》（湘建城〔2022〕149号）解读

合流制溢流污染控制是我国当前城市水环境治理的难点和痛点。缺少合流制溢流污染控制的相关技术标准是我国合流制溢流污染治理推进缓慢的重要原因。为加快推进湖南省排水系统的溢流污染治理，2022年7月，湖南省住房和城乡建设厅印发了《湖南省排水系统溢流污染控制技术导则》（湘建城〔2022〕149号）。该导则对合流制溢流污染控制具有重要指导意义。本节将分析湖南在合流制溢流污染治理中存在的主要问题，对该导则的编制背景、目的、主要内容进行解读。希望可以帮助有关人员更好地理解和应用该导则，更好地推进合流制溢流污染治理工作。

3.2.1.1 编制背景和目的

1. 编制背景

2015年4月国务院印发《水污染防治行动计划》（国发〔2015〕17号）（简称"水十条"），把黑臭水体治理作为主要一项重要工作推动，要求加快现有合流制排水管网系统的雨污分流改造，对于难以改造的，应采取截流、调蓄和治理等溢流污染控制措施。经过5年多的努力，各地在黑臭水体治理上取得了很好的成绩，截至2020年底，全国地级以上城市黑臭水体消除比例达到了98.2%。虽然晴天的水体黑臭问题得到了很好的治理，但雨天的溢流污染问题依然比较严重。2021年，中央生态环境保护督察组通报湖南多个城市存在严重的溢流污染问题。国内还没有系统的溢流污染控制技术标准，很多城市在溢流污染治理中出现技术路线错误、治理效果不明显的问题。因此，亟需梳理总结合流制溢流污染控制的经验教训，制定溢流污染控制技术标准。

2. 溢流污染治理存在的主要问题

一是溢流污染治理方案缺乏系统性。部分城市的溢流污染治理方案没有平衡整个排水管网系统的截流水量、终端处理能力和溢流排放量，只是简单地针对某个溢流排放口做"一点一策"的治理方案，如采取封堵溢流排放口、盲目加大截流倍数等措施。这些措施并没有解决溢流污染问题，只是使溢流排放口从排水管网的一个位置转移到另一个位置。而且，以封堵为主的溢流污染治理方案还引发了新的城市内涝问题。

二是以扩建污水处理厂来消减溢流污染。在雨污分流改造难以短期内完成、溢流污水快速净化设施建设政策难以落地的情况下，一些城市采取扩建污水处理厂的方法来消减雨天的合流制溢流污染。虽然扩建污水处理厂能减少溢流污水排放量，但由于建设和运行成本高，导致城市污水处理费出现了巨额缺口，使污水处理行业陷入不可持续发展。湖南多个城市出现了污水处理厂规模比自来水厂规模大、实际污水处理量比供水量大的情况，但雨天溢流污染依然严重。

3. 编制目的

导则的编制目的是根据国家对合流制溢流污染治理的政策要求，针对溢流污染治理中出现的问题，提出系统、全面的溢流污染治理技术路线和方法，指导城市排水系统溢流污染治理。

3.2.1.2 编制过程和基本框架

1. 编制过程

导则编制历时约两年时间，前期考察了湖南及周边省市的溢流污染现状、溢流污染治理工程案例，查阅大量的国内外文献，认真分析日本、德国、美国等发达国家的溢流污染治理经验，并对我国溢流污染治理的现状和存在的问题进行分析，这些都为导则的编制提供了可靠依据。

编制过程中进行了两次公开征求意见，广泛征求了省市（县）政府相关部门、设计单位和运营管理单位的意见，不断修改完善导则条文，确保导则条文内容科学合理，具有可操作性。

2. 基本框架

导则共9章，分别为总则、术语、基本规定、源头减量、截流与调蓄、水质净化、污泥处理与处置、监测和控制、运行管理与维护。

3.2.1.3 导则的主要内容解读

1. 总则

导则的适用范围为县以上城市（含县城）建成区范围内的现有合流制排水系统。规划为分流制但实际还存在合流制排水管网或雨污水混错接的区域，应逐步实施雨污分流改造。对现有合流制排水系统，具备雨污分流改造条件的，应结合旧城提质改造实施雨污分流改造，应分尽分；不具备雨污分流改造条件的，应采取相应的溢流污染控制措施，不得出现旱天污水直排，并显著降低雨天的溢流频次和溢流污染物排放量。

2. 术语

术语部分对一些常用名词作了定义和解释。其中，对溢流频次重新做了定义：一定时间内（一般为1年）合流制溢流口发生溢流的次数除以降雨量超过2mm的降雨场次，两次降雨间隔时间不大于2小时的按同一场降雨计算。该定义实际上定义的是溢流频率。重新定义的原因是湖南省政府报送中央的《湖南省贯彻落实第二轮中央生态环境保护督察报告整改方案》规定：到2025年，合流制排口、泵站雨季溢流污染频次比2020年降低20%。溢流频次成为一个年度考核销号的硬性指标。传统溢流频次一般指多年平均溢流次数（次/年），由于每年的降雨次数和降雨量有很大差异，因此在我国目前的考核机制下，采用多年平均溢流次数不好评价每个年度的工作成效；而新定义可在一定程度上减少丰水年和枯水年的溢流频次差异，便于溢流污染控制工作的年度考核。

3. 基本规定

溢流污染控制目标应根据受纳水体的水环境容量确定。溢流污染控制技术包括源头减量、截流调蓄、水质净化等，制定溢流污染控制总体方案时，应根据溢流污染控制目标因地制宜地选用一种或多种技术组合措施。溢流污水净化措施包括在溢流排放口附近就地处理和把溢流污水输送至污水处理厂处理。当溢流污水输送至污水处理厂处理时，当污水处理厂进水量不超过污水处理厂设计规模的1.2倍时，应全部处理达到污水处理厂的设计排放标准后排放；当进水量超过污水处理厂设计规模的1.2倍时，超过部分可在厂内进行调蓄或采用溢流污水快速净化设施处理后排放。采用强化一级处理工艺等快速净化设施处理时应设置单独排口，其排放标准应满足生态环境部门的要求。

导则没有给出溢流污染控制目标和溢流污水快速净化设施的出水标准。在导则的第一次征求意见稿中，把COD的年加权平均排放浓度作为溢流控制目标写入了基本规定，而且明确了溢流频次限值和溢流污水快速净化设施出水标准。但在征求意见过程和后面的评审中，各方对于溢流污染控制目标和排放标准的设定，分歧较大，因此最终没能写入导则，要留待以后由生态环境部门制定溢流污染排放标准来解决。当时的分歧主要有三点：①有些政府部门担心在国家还没有出台溢流污染控制标准之前，湖南省定的目标会不会太低？②很多城市的排水主管部门担心溢流污染控制目标过高会导致环保考核压力过大；③由于对溢流频次、溢流污水水质、溢流污水快速净化工艺等方面的基础研究不足，因此在确定溢流频次限值和各种快速净化设施出水标准时依据不足。关于溢流污染控制目标和标准，云南省昆明市2020年印发的《城镇污水处理厂主要水污染物排放限值》DB5301/T 43—2020对污水处理厂采用一级强化设施净化溢流污水的出水标准做了规定：COD、BOD_5、TP的限值分别为70mg/L、30mg/L、2.0mg/L；湖北省武汉市于2021年底出台了《水环境保护溢流污染控制标准》DB 4201/T 652—2021，对各种条件下的溢流污染控制目标做了分类规定。这两个地方标准对我国其他南方城市的溢流污染控制标准制定具有借鉴意义。

4．源头减量

溢流污染控制的源头减量措施主要包括加强排水户管理、源头雨水管控、管网客水控制及管网改造等。加强合流制排水管网的清污分流，从源头消减进入合流制管网的清水量对减少溢流污水排放量非常重要。很多城市的污水提质增效项目对排水管网的检测和修复工作主要集中在分流制排水管网和截污主干管，对合流支管网的检测修复还不够重视。合流制管网因建设年代较为久远，存在的问题较多，漏损严重，有些合流制排水沟渠可能直接与地下水或山泉水连通。所以，应加强合流制排水管网的检测和修复改造，把进入合流制排水管网的山泉水、地下水、河湖水等"外水"挤出去，实现合流制管网的清污分流，从而减少合流制排水管网的溢流污水量。

5．截流调蓄

当前合流制溢流污染治理的主要矛盾是雨天截流水量和终端处理能力不匹配，导则规定截流污水量应与调蓄设施容积、污水管网输送能力、污水净化设施处理能力相匹配。

1）截流。

在调研中发现，很多城市的截流井设置不科学，雨天实际截流的污水流量远超设计时设定的截流倍数，导致大量的合流污水在截污干管下游或污水处理厂厂前溢流入河。对此，导则给出了堰式截流井、槽式截流井、槽堰结合式截流井、提升式截流井的构造示意图，规定应在截流井内设流量控制设施，重力流截流井的控流措施包括合理设置溢流堰（槽）的宽度和高度，并在截污管进口设置闸门以实现截污流量的调节。合流污水支管、干管都应通过截流井合理控制流量后方可接入截污主干管，不应出现截污主干管或污水处理厂前的二次溢流。上下游管网、调蓄设施、污水处理厂和就地处理设施的能力应统筹考虑，截流的合流污水量应与终端污水处理能力相匹配；当污水处理厂最大处理能力不能满足雨季截流水量时，应采取调蓄设施避免二次溢流；当建设调蓄设施也不能满足要求时，再考虑建设溢流污水净化设施。条件允许的情况下，溢流排口应设置垃圾悬浮物拦截设施。

调研中还发现，部分城市存在沿河（湖）位置较低的区域，污水无法靠重力自流进入截污干管，因而出现污水直排的情况。对此，导则规定当污水无法重力自流进入截污主干管时，可采用提升式截流井以水泵截流。

2）溢流调蓄池。

调蓄池的调蓄容积和设置位置，应根据区域合流制管网的相关参数、运行模式及周边环境等因素综合考虑，通过技术经济、运行管理方案比较评估后合理确定。合流制溢流调蓄池和合流制排水管渠的连接应采用并联的形式。调蓄池接纳的溢流污水，应优先排至污水主干管，进入污水处理厂统一处理；当下游主干管输送能力不够或污水处理厂处理能力不足时，宜就地设置净化处理设施净化后排放，当水量超过就地处理设施能力时还应设置超越溢流排放通道。

在老城区建设调蓄设施也存在一些难点：①用地难以落实，由于合流制区域基本位于老城区，因此难以找到合适的空余用地布局调蓄设施；②对周边环境可能造成一定影响，如臭气、噪声等。因此，调蓄设施建设应结合城市规划合理布局、选址。上海市2021年制定了《中心城雨水调蓄池选址专项规划》，把调蓄池建设与公园、游园、停车场、道路广场等其他市政设施建设相结合，利用公园、游园、停车场、道路广场用地作为调蓄池选址，地下建调蓄设施，地上建公园、游园或停车场、道路广场等市政设施。这是一种很好的解决方案，既可解决用地和环境问题，又能降低建设成本。

6. 水质净化

溢流污水采取就地净化设施处理时，前端应设置溢流污水调蓄设施对水量和水质进行调节。溢流污水水质净化工艺应根据受纳水体水质目标、城市规划和用地情况等因地制宜地选用。当受纳水体对氮、磷排放没有特别要求时，可采用一级强化处理技术；当受纳水体对氮、磷排放有一定要求时，可选择具有脱氮除磷功能的生物处理工艺；当受纳水体对排放水质有较高要求时，可采用一级强化处理+人工湿地工艺。

1）预处理工艺。

预处理工艺包括格栅、沉砂池、水力旋流分流器等。其中水力旋流分流器可通过拦截、高速旋转离心分离的作用将部分固体悬浮物沉入到分流器底部形成固液分离，对5mm及以上的漂浮物和可沉悬浮物具有良好的处理效果。

2）一级处理和强化一级处理工艺。

一级处理工艺主要指自然沉淀工艺和过滤工艺，如初沉池、快速纤维滤池等。强化一级处理工艺一般指投加化学絮凝剂强化沉淀效果的沉淀工艺，包括斜板沉淀池、高效沉淀池、磁混凝沉淀池、超磁分离等，可强化对SS和磷的去除效果，化学絮凝剂的投加量应根据进水水质、水量和排放标准综合确定。

本报告编制过程中，对在湖南有应用的几种溢流污水快速净化设施的去除效果进行了调研，其对溢流污水的处理效果，受进水水量、水质和混凝剂投加量的影响，去除率波动较大，见表3.2-1。

几种溢流污水快速净化工艺对污染物的去除效果（%） 表3.2-1

水质指标	高效沉淀		磁混凝沉淀		快速纤维过滤	
	范围	均值	范围	均值	范围	均值
COD	66.56~95.00	85.07	79.18~94.57	88.32	41.16~82.49	66.93
TP	66.67~97.30	85.61	75.54~97.77	93.25	24.60~35.98	29.33
SS	77.37~99.90	96.73	97.25~99.99	99.19	35.98~89.50	73.25
NH_3-N	0~23.10	9.54	0.66~19.26	8.14	—	—
TN	7.18~50.80	29.18	1.27~34.76	23.79	—	—

3）人工湿地。

在用地条件允许的情况下，可结合城市公园和绿地建设人工湿地净化溢流污水。人工湿地在湖南常德、岳阳和长沙等地的黑臭水体治理中有大量的工程应用，处理效果较好。在实地调研中也发现人工湿地净化溢流污水时，人工湿地易出现堵塞、臭味散发等问题。因此导则规定人工湿地处理溢流污水时，应进行预处理或强化一级处理，以防止湿地填料堵塞和板结。

4）污水处理厂超负荷运行消减溢流污染。

导则规定应充分利用现有污水处理厂的富余处理能力，在不影响污水处理厂出水达标的情况下，对污水处理厂进行优化运行，实现超设计负荷运行，提高雨天时污水处理能力，减少溢流污水排放量。

现有污水处理厂雨天超设计规模运行在理论上是可行的：①根据设计规范，合流制污水处理厂的格栅、进水提升泵站、沉砂池等预处理设施一般按2倍旱季流量设计，二级处理系统按最大日最大时流量设计；②雨天污水处理厂进水浓度会有大幅降低，单位污水量在生化系统所需的停留时间和曝气量等都会减少，所以理论上污水处理厂在雨天应有较大的超负荷处理能力。近年来，为减少溢流污水对城市水体的污染，长沙市花桥污水处理厂和长善垸污水处理厂均实行雨天超设计负荷运行，设计规模为36万m^3/d的污水处理厂，雨天最大处理水量达到了60万m^3/d，出水水质依然可稳定达标。污水处理厂超负荷运行是在不新增污水处理设施、不新增运行管理人员的情况下实现处理水量大幅增加的，具有成本低、效果好的优点。

7. 污泥处理与处置

污泥的运输、处理处置应符合当地环保及城市管理的相关要求，运输途中不应遗洒，严禁随意倾倒和丢弃，运输过程中应做好污泥来源、数量和运输起止地"三联单"记录。合流制排水管网、调蓄设施、排水泵站清掏出来的污泥应送往排水管网污泥处理厂（站）进行处理。尚未建设排水管网污泥处理厂（站）的城市，宜送往污水处理厂污泥脱水间协同处理。对于采用强化一级处理工艺的溢流污水快速净化设施产生的化学污泥，由于泥量较大，宜配套建设污泥处理系统，也可以输送至污水处理厂污泥脱水间统一处理。

8. 监测和控制

溢流污染治理工程应设置监测系统、自动化控制系统，以保障整体工程安全可靠、运行便捷和作业条件改善，宜采用"少人（无人）值守，远程监控"的控制管理模式，设置监控中心进行远程的运行监视和控制。应在截流井、调蓄池、泵站、排放口及溢流污水净化设施等关键节点设置液位监测仪表；在泵站上下游节点、溢流排口、溢流污水净化设施进出水等位置设置流量监测设备；在智能分流井、溢流排口、溢流污水净化设施进出水等位置设置在线水质监测设备；在溢流排口、排水泵站、重要的截流调蓄设施、溢流污水净化设施、易涝点等关键位置宜设置视频监控设备。

9. 运行管理与维护

在调研中发现，部分城市已建的溢流污染治理设施缺少运行管理的制度和人员，导致设施闲置损坏，雨天不能及时启用，达不到控制溢流污染的目标。因此，导则对溢流污染治理工程的运行管理和维护做出了规定。溢流污染控制应实行流域厂网河湖一体化管理，科学调度排水管网、截流调蓄设施、泵站、污水处理厂及溢流污水净化设施的联合协同运行，确保旱天污水管网低水位运行、雨天有足够的调蓄空间和净化处理能力，最大限度减少溢流污染物排放量。

3.2.1.4 结语

合流制溢流污染控制是一个系统工程，具体的技术措施包括源头减量、截流、调蓄、水质净化等，制定溢流污染治理方案时，应因地制宜地选用一种或多种技术组合措施。同时，还可以通过流域厂网河湖一体化管理、科学调度进一步消减溢流污染物排放总量。

本导则虽然系统地提供了溢流污染治理的技术路线，但依然需要生态环境部门尽快出台配套的合流制溢流污染治理考核标准，特别是需要尽快出台溢流污水快速净化设施的排放标准，以指导溢流污水快速净化设施建设项目的落地。

3.2.2 湖南省污水处理的减污降碳协同增效之路

针对愈发严重的全球变暖等极端气候问题，2018年10月IPCC❶发布了《IPCC全球升温1.5℃特别报告》，强调将全球变暖限制在1.5℃之内。有研究者利用模型分析认为，为达到全球变暖限制目标，中国需分别减少90%以上的碳排放和39%以上的能源消耗。污水处理作为城市环境卫生的重要组成部分，可贡献全球约1%~2%的温室气体排放量。随着城镇化的进程加快，污水排放标准不断提升，污水处理厂传统的"以能消能""人员运维"方式亟需向"减污降碳""数智融合"的方向转变。

截至2022年底，湖南省县以上生活污水处理厂数量为169座，总处理能力达到1109.55万m^3/d，在全国范围内数量排名为第十，处理能力排名为第八，在中部六省排名均为第二，在全国处于中等偏上的水平，在周边省份处于较高水平，湖南省生活污水处理厂减污降碳协同增效潜力巨大。

由于湖南省某市污水厂具有处理工艺多样、运营管理较先进、运营数据较翔实的特点，故针对某市8座典型污水厂进行碳排强度研究。

---

❶ Intergovernmental Panel on Climate Change（IPCC），即政府间气候变化专门委员会是一个科学机构，2007年获诺贝尔和平奖。

3.2.2.1 样本数据采集

共收集8座污水处理厂设计工况与工艺,见表3.2-2,收集连续年2021年全年实际运行数据,作为基础数据,计算厂级污水处理厂碳排放。

某市典型污水处理厂概况 表3.2-2

污水处理厂	设计规模(万m³/d)	处理工艺	设计出水标准
污水厂a	36.0	AAO	一级A
污水厂b	45.0	AAO	地表水准Ⅳ类
污水厂c	4.5	AAO	一级A
污水厂d	12.0	MSBR+人工湿地	地表水准Ⅳ类
污水厂e	5.0	MSBR	一级A
污水厂f	8.0	MSBR	地表水准Ⅳ类
污水厂g	14.0	AAO +MBR	地表水准Ⅳ类
污水厂h	8.0	AAO +MBR	地表水准Ⅳ类

3.2.2.2 结果与分析

1. 总体碳排放特征

某市典型污水处理厂碳排放特征,如图3.2-1所示。

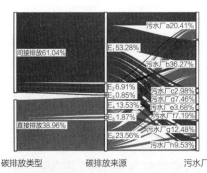
(a)典型污水厂碳排放总体分布冲积图

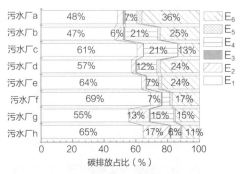
(b)典型污水厂各部分碳排放累计百分比

图3.2-1 某市典型污水处理厂碳排放特征
注:其中,E_1代表电力消耗碳排放;E_2代表药剂消耗碳排放;E_3代表运输碳排放;E_4代表污水处理化石源CO_2排放;E_5代表污水处理CH_4排放;E_6代表污水处理N_2O排放

8座典型污水厂两种碳排放类型所占比例相差不大,间接碳排放量占总体碳排放量的61.04%,大于直接碳排放量。电耗导致的间接碳排放(E_1)占比最大,约为总碳排放量的53.28%。直接碳排放量中,污水处理产生的N_2O排放所占比例

最大，约为总碳排放量的23.56%。同时，化石源CO_2在污水厂运行过程中是不可忽视的重要排放源。污水厂c、e、f和h在运行过程中电耗碳排放占比较大，均超过60%，这是因为这四座污水厂的处理规模较小（小于10万m^3/d），处理单位污水能耗较大。污水厂b、c和g在运行过程中，由污水处理产生的化石源CO_2碳排放量占比较大，分别达到了21%、21%和25%，这是由于这三座水厂进水有机物含量偏低，碳源投加量较大。

2. 不同季节下的直接碳排放强度比较

以水厂e为例连续监测2019年～2021年的进出水质情况，如图3.2-2～图3.2-4所示计算出污水处理直接碳排放强度。可见，N_2O直接碳排放强度主要受到进出水TN浓度的影响，污水厂e纳污范围内管网系统仍存在部分合流制管网，某地区春夏季雨水多，稀释了进水污染物浓度，使得进水TN浓度降低，因此N_2O直接碳排放强度在春夏季处于较低水平。而秋冬季雨水少，进水TN浓度高，因此N_2O直接碳排放强度处于较高水平。

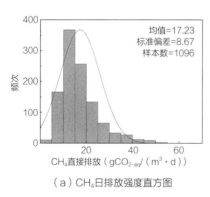
（a）CH_4日排放强度直方图

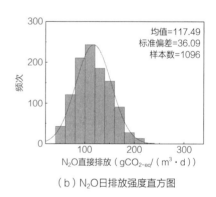
（b）N_2O日排放强度直方图

图3.2-2 2019年～2021年污水厂e CH_4和N_2O日排放强度直方图

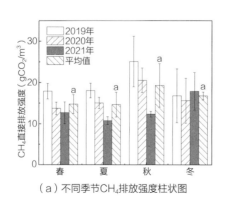
（a）不同季节CH_4排放强度柱状图

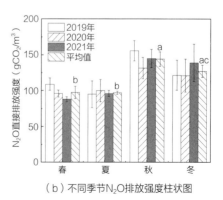
（b）不同季节N_2O排放强度柱状图

图3.2-3 污水厂e不同季节下的直接碳排放强度变化柱状图
注：不同字母表示在显著性水平为0.05下不同季节的碳排放强度存在显著性差异

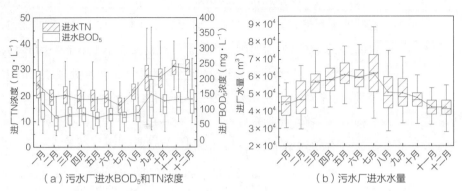

图3.2-4　2019年~2021年污水厂e进水水质指标月变化

3. 不同处理工艺碳排放强度比较

相关数据分析如图3.2-5、表3.2-3所示。

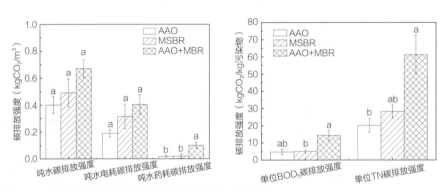

图3.2-5　不同处理工艺的污水处理厂碳排放强度柱状图
注：不同字母表示在显著性水平为0.05下不同工艺的碳排放强度存在显著性差异

碳排放强度指标与处理水量、进水浓度的皮尔逊相关系数　　　表3.2-3

碳排放强度指标	水量	进水浓度		
		TN	BOD_5	COD
吨水碳排放强度	-0.483	-0.706	-0.659	-0.275
单位BOD_5碳排放强度	-0.315	-0.785*	-0.887**	-0.579
单位TN碳排放强度	-0.507	-0.858*	-0.819*	-0.518
吨水电耗碳排放强度	-0.656	-0.679	-0.479	-0.099
吨水药耗碳排放强度	-0.334	-0.765*	-0.827*	-0.477

注：*，**分别表示在0.05和0.01（双尾）显著性水平下，相关性显著

总体上看，采用AAO+MBR工艺的污水厂各项碳排放强度指标均处于最高的水平。对于吨水碳排放强度，三种处理工艺之间无显著性差异，但是AAO+MBR工艺明显高于其他两种工艺，AAO、MSBR、AAO+MBR三种工艺吨水碳排放强度分别为0.40、0.49、0.67 kg CO_{2-eq}/m^3。对于吨水电耗碳排放强度指标，三种处理工艺之间无显著性差异，但是AAO+MBR工艺明显高于其他处理工艺，平均可达。对于吨水药耗碳排放指标，AAO+MBR工艺显著高于其他工艺。另外，AAO+MBR工艺处理单位污染物的碳排放强度均处于最高水平，单位BOD_5碳排放强度显著高于MSBR工艺（p小于0.05），单位TN碳排放强度显著高于AAO工艺（p小于0.05）。

污水厂进水污染物浓度能够显著影响污水厂的单位污染物削减碳排放强度，其中进水BOD_5指标对其碳排量化影响尤为明显。由此可见，提高污水厂进水污染物浓度，可以在一定程度上降低单位电耗、药耗，减少外加碳源投加，从而降低单位污染物削减带来的碳排放。

典型碳减排技术潜力测算

通过典型工艺样本抽查，某市部分污水厂运用了相关资源/能源回收技术产生了碳减排，在核算中应对这部分碳减排量进行测算。碳减排技术主要包括中水回用、光伏发电、污水源热泵技术。由图3.2-6可知，污水厂f碳减排率最高，但也仅为38.23%。因此，在应用污水源热泵、光伏发电、中水回用的同时，也要结合智慧运营、源头减排、管网提质增效、处理工艺优化、污水/泥资源回收等方法，以达到污水厂碳中和运行的目标。

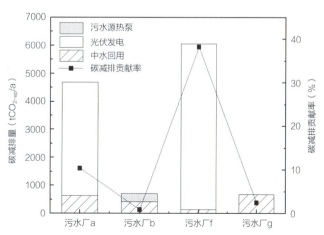

图3.2-6　污水处理厂碳减排量及碳减排率测算

3.2.3 建议

湖南省部分污水厂已运用了数智融合、绿色低碳技术，主要包括精确曝气、智能加药、数字孪生、中水回用、光伏发电、污水源热泵等。为进一步完成碳减排目标，奠定碳中和基础，建议从"源、网、厂、端"四个方面探索湖南省的技术路线，具体包括：

①源—源头减排。源头节水、黑灰分离，整体降低系统碳排。

②网—协同增效。加强管网运维，降低管网水位、提高管网流速、减少客水进入、改善厌氧环境，保障碳源到达污水厂。

③厂—工艺升级。融入数智技术，推动污水厂数字化平台的建设，加强智能曝气、智能加药、智能回流、智能泵组优化等智能管控、智慧运维技术的应用，降低污水处理厂整体能耗；研发高效、低碳氮磷废水处理新技术，提高污水碳源利用率。

④端—资源回收。增加光伏发电、风力发电等非传统能源应用，提高污水处理能源自用率；以再生水为核心构建分级分质供水系统；形成"源头减量+梯级利用+末端资源化"的污泥处理新路线。

第 4 章

协会创新发展与实践

4.1 技术援疆

2022年初，应新疆节水协会邀请，协会通过协调，得到了株洲市城市排水有限公司大力支持，委派杨博英、谭潇两位专家远赴新疆和田市污水处理厂开展现场技术指导。

两位专家不顾旅途劳顿，克服水土不服、环境复杂等多种困难，积极开展情况调查、现场摸排，针对两座污水处理厂存在的问题进行深入分析研究、推理诊断，与现场管理人员反复论证，提出整套整改意见，并耐心指导现场管理人员开展工艺调整。在此期间，两位专家在污水处理厂如何加强生产运营组织、完善管理体系、强化精细化管理等方面，提出了改进意见。经过两位专家连续20多日的辛勤工作，两座污水处理厂生产安全趋向平稳、运行效能明显提升、出水水质进一步优化。他们为改善两座污水处理厂的工艺情况、优化出水水质做出了积极贡献，其专业水平和综合素养获得了和田市人民政府、和田市住房和城乡建设局、和田污水处理公司、新疆节水协会的高度肯定和赞扬，如图4.1-1和图4.1-2所示。

图4.1-1　开展现场技术指导

图4.1-2 来自新疆和田的感谢锦旗

4.2 协会重要交流

为贯彻落实习近平生态文明思想和湖南省委省政府关于城乡环境基础设施建设工作部署，2022年7月，湖南省住房和城乡建设厅主办了"2022湖南城乡环境基础设施建设产业博览会"，由湖南省城乡建设行业协会承办。本次博览会将论坛交流与企事业单位展示相结合，全面总结了三年来湖南省城乡环境基础设施建设成果，紧紧围绕城乡建设各方面内容，宣传城乡建设新理念、新科技、新模式、新成就，展示近年来城乡环境基础设施建设行业科技创新成果及发展趋势。

中国城镇供水排水协会会长章林伟、哈尔滨工业大学教授田禹、中国市政工程华北设计研究总院有限公司城市环境研究院院长孙永利、中规院（北京）规划设计有限公司生态市政院院长王家卓等省内外专家受邀莅临"湖南省城乡环境综合治理发展论坛——供排水行业发展论坛"，就新时期城镇供排水行业战略建设、解析《城镇水务2035年行业发展规划纲要》、郑州"7·20"特大暴雨灾害带来的反思与启示等主题进行了发言。此外，湖南省建筑设计院集团股份有限公司副总工罗惠云、北控水务集团产品与解决方案中心高工唐晓雪等专家就基于厂网一体—减污降碳的实践和思考、污水处理碳减排探讨等主题与参会者进行了交流，如图4.2-1～图4.2-7所示。

图4.2-1　湖南省住房和城乡建设厅易小林副厅长致辞

图4.2-2　湖南省建筑设计院集团股份有限公司顾问总工杨青山主持会议

图4.2-3　中国城镇供水排水协会会长章林伟发言

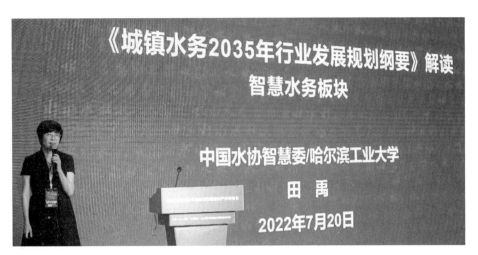

图4.2-4　哈尔滨工业大学教授田禹发言

图4.2-5　中规院（北京）规划设计有限公司生态市政院院长王家卓发言

图4.2-6　湖南省建筑设计院集团股份有限公司副总工罗惠云发言

图4.2-7　北控水务集团产品与解决方案中心高工唐晓雪发言

在该次展会上,共有排水行业参展单位40多家,参观人次达2万余人,各参展单位达成多项合作意向,取得丰硕成果,如图4.2-8所示。

图4.2-8　2022湖南城乡环境基础设施建设产业博览会

第 5 章

排水工程典型案例

2022年，湖南省城乡建设行业协会排水分会遴选出4个典型工程项目，见表5.1-1。

2022年湖南省排水行业典型工程项目案例名单　　　　　　表5.1-1

序号	项目名称	建设运营单位/设计单位
1	常德市芷兰居海绵城市改造工程项目	湖南省建筑设计集团股份有限责任公司
2	株洲河西污水处理厂二期工程项目	湖南首创投资有限责任公司、中国市政工程华北设计研究总院有限公司
3	白石港水质净化中心一期工程	株洲市城市排水有限公司
4	常德市污水净化中心更新改造工程	中机国际设计研究院有限责任公司

5.1 常德市芷兰居海绵城市改造工程项目

5.1.1 项目概况

常德市是全国第一批16个海绵城市试点城市之一，芷兰居海绵城市改造工程是常德市第一个老旧小区海绵城市改造工程，芷兰居的海绵城市改造，对整个常德市的老旧小区海绵改造具有借鉴和示范意义。

芷兰居位于常德市武陵区江北城区，建于1998年，共35栋房屋，均为6层，如图5.1-1和图5.1-2所示。小区无地下车库，全部为坡屋顶，现有景观水池一座，占地约100m²。小区下垫面主要包括建筑屋顶、路面、硬质铺装、绿地和水体五种类型，综合径流系数为0.52。小区改造前排水管道混接严重，存在9处积水，通过SWMM模型评估，现状年径流总量控制率仅为32%。同时，小区铺装多为假性透水材料且年久失修，停车位严重不足，车辆随意停放，唯一的水池不能承接周边的雨水，形成一潭死水，影响小区景观品质。

项目对小区排水管网进行雨污分流，新增或改造湿塘723m²、渗透塘157m²、雨水花园1392m²、植草沟1754m²、生态停车位5133m²、透水砖铺装3018m²、雨水收集桶4处。

改造后年径流总量控制率达到了80%，对应设计降雨量23mm，SS总量去除率为46.13%，达到了《常德市海绵城市总体规划》中对该建设分区单元年径流总量控制率和SS总量去除率的要求。同时，项目将原本破损严重的不透水铺装

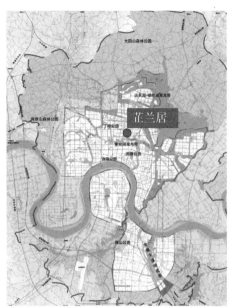

图5.1-1　小区位置示意图　　　　图5.1-2　海绵城市工程措施布局图

改造成透水铺装，增强了铺装的渗透性。增加约500个停车位，满足了小区的实际需求。池塘底采用鹅卵石散置，搭配耐水湿、耐干旱植物，即便在干涸的情况下景观效果依然良好。

5.1.2　项目特色及创新

①水池改造与景观设计相结合，满足海绵城市要求，提升景观品质。原水体面积约100m²，主要依靠自来水进行补水。设计将其改造为雨水湿塘，由植草沟、前置塘和主塘组成。采用自然式驳岸和可种植水生植物的池底结构。改造后的水体面积约700m²，调蓄容积约140m³，可收集周边约7 000m²范围内地表径流。改造后采用了净化效果较强的沉水植物苦草，水体周边点缀了挺水植物，并设计亲水平台、木栈道和坐凳供小区居民游玩和休憩，使其成为小区居民的活动场所，如图5.1-3和图5.1-4所示。

②雨水花园采用景观置石点缀，置石与植物搭配，形成各种景观组团，丰富了小区的景观效果。

③通过新建雨水和污水管道、检查井等，实现小区雨污分流。

④设计通过将单个停车位长度缩短（原车位长约5m，调整后长4m）和止车器后移的方式，增加了停车位60个，解决了新建停车位和绿地面积减少的矛盾，小区用户满意度极高。

图5.1-3 丰水期效果图

图5.1-4 枯水期效果图

⑤在小区商铺外将雨落管断接进入雨水桶，收集裙楼平台的天然雨水，用于打扫卫生和清洗杂物。

5.1.3 项目成效与思考

①小区年径流总量控制率远超规划中的设计目标。该海绵城市改造工程完成后，各项措施蓄水容积总和为1 012m³，年径流总量控制率达到了80%，对应设计降雨量23mm，超过《常德市海绵城市总体规划》中对该建设分区单元要求。

②积水现象消除。2019年7月18日，常德地区降雨量达75mm，为大暴雨级别，小区未发现积水点，实现了小区小雨不积水，大雨不内涝的目标。

③提升了小区的景观品质。原小区绿地大面积黄土裸露，车辆随意停入绿地，土壤板结严重，改造后小区绿化效果优良，车辆停放有序。通过湿塘、渗透塘、旱溪等海绵设施与景观设计的有机结合，丰富了整个小区的景观效果。

④解决了小区停车困难问题。本次改造将部分绿地改造为生态停车位，在宽度合适的区域设置画线的停车位，总计增加约500个停车位，满足小区实际需求。

⑤该项目工程内容主要包括海绵设施建设、排水管网分流制改造、路面改造、园林小品建设、植被补植、立面改造等，总投资约为1 594.7万元。

综上所述，芷兰居海绵城市改造工程是常德市第一个老旧小区海绵改造项目，做到了以问题为导向进行海绵建设。项目的成功实施对整个常德市海绵城市建设的推进具有重要影响，对后期的海绵城市改造具有示范作用。其通过对海绵城市技术措施的组合运用，形成错落有致的绿地景观，为小区居民提供舒适的生活环境。通过模型计算SS污染物总量去除率达46.13%，降低了对穿紫河的面源污染。

5.2 株洲河西污水处理厂二期工程项目

5.2.1 项目概况

株洲市河西污水处理厂位于株洲市天元区栗雨工业园栗雨社区白沙园组，占地149亩❶，主要服务株洲市天元区新马工业园片区和栗雨工业园片区、河西中心城区、月塘生态城片区以及武广新城部分区域，服务人口约44万人。

株洲市河西污水处理厂规划设计总规模为$15\times10^4m^3/d$，其中一期工程设计规模为$8.0\times10^4m^3/d$，于2009年投产运行，2017年完成提标改造。二期工程厂区新增$7.0\times10^4m^3/d$的污水处理规模，在2019年12月30日通水试运行，与一期共用预处理设施和尾水排放管，污水处理采用"A^2O+二沉池+高效沉淀池+反硝化深床滤池+次氯酸钠消毒"工艺，出水执行《城镇污水处理厂污染物排放标准》GB 18918—2002一级A标，处理后的尾水排入湘江；污泥采用板框压滤，泥饼含水率不大于50%，实景如图5.2-1所示。

图5.2-1　株洲河西污水厂（二期）实景图

❶ 1亩≈666.67m^2

5.2.2 项目特色及创新

1. 先进性

河西厂二期工程运用先进的技术、精心的设计、高效的设备、智能的控制手段，实现污水处理厂全方位的节能增效，主要表现在2个方面。

①技术路线合理，水质达标保证率高，处理效果优。该工程在方案设计阶段已基于2019年3月发布的《湖南省城镇污水处理厂主要水污染物排放标准》DB 43/T 1546—2018预见性考虑后期排放标准提高的大趋势，以总氮、总磷控制为重点，选择工艺路线。其中，以"强化脱氮、兼顾除磷"为目标选择的改良AAO生物处理工艺，可实现在不添加碳源的情况下由生化处理单元完成脱氮的目标，脱氮效率高，运行费用低，且可根据来水情况和处理效果灵活调整回流位置，多模运行，工艺调节可控性强，具有较强的耐水质变化冲击负荷能力和抗水量变化冲击负荷；深度处理单元则采用有除磷和具有反硝化、过滤功能的深度处理工艺，安全可靠，针对性强，水质保证率高，运行管理简单，同时考虑突发进水水质异常情况的应急处理，预备了反硝化外加碳源设备与管路，这也为地区远期发展和今后进一步提高排放标准留下余量；另外消毒采用次氯酸钠，效果可靠且运维简单，具有脱色、助凝、除氰、除臭等多种功能。其工艺路线如图5.2-2所示。

②总图设计布置分区合理、水力高程经济合理。如图5.2-3所示，厂区总平面按功能分别集中布置各处理构筑物，合理流畅，节省投资和运行费用。用电负荷集中，布局合理，节省投资。采用前置中间提升泵站充分利用了预处理一级提升后的水头势能，减少了生物池、二沉池的埋深和施工难度，缩短了整体工期，为顺利按期完工通水创造了条件。

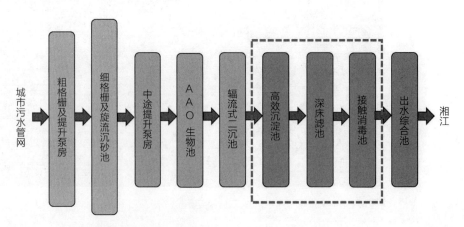

图5.2-2 株洲河西污水处理厂工艺路线图

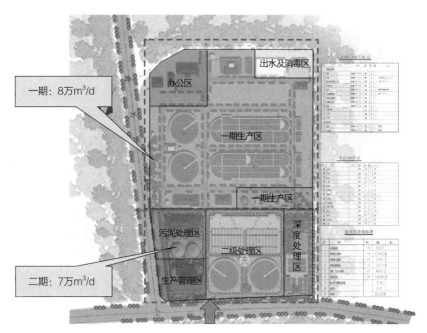

图5.2-3 厂区总平面布置功能分区

2. 创新性

河西厂二期项目较全面地借助和应用科技力量多维度创新,旨在实现最优化。

①该项目采用BIM软件进行优化设计,利用软件对建筑物、构筑物项目所处的场地环境进行必要的分析,并进行碰撞检测、三维管线综合、竖向净空优化等,提高了工程整体布局和各单体设计的可视化、立体化和协调性,增强了图纸的表现力,如图5.2-4所示。

图5.2-4 深床滤池管廊间BIM模型

②采用BioWin软件进行生物处理单元的仿真模拟,论证改良型AAO工艺对本项目的适用性和优越性;优化推荐工艺方案的设计参数,力求处理效果最优、工程投资和运行成本最低;模拟温度变化、水质水量波动对处理效果的影响,考察设计工艺的抗冲击负荷能力,如图5.2-5所示。

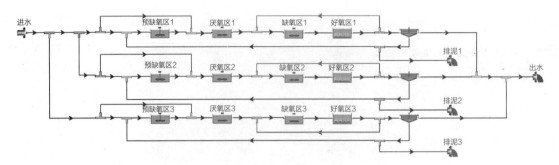

图5.2-5　生物池工艺BioWin模拟图

③运用多种电算软件复核复杂构筑物结构计算结果，确保其精准性，从而保证构筑物结构安全性，如图5.2-6所示。

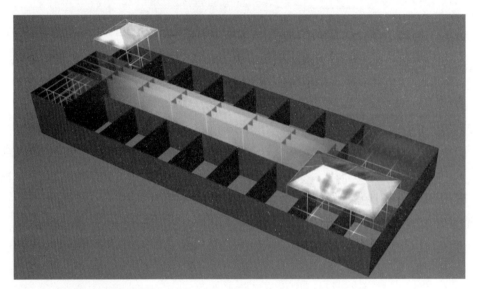

图5.2-6　综合池模型复核

④创新板框滤布清洗模式，通过技术改造，创造性地实现板框系统原位在线泡洗滤布，极大程度上做到了节省滤布拆洗的人工，减轻劳动强度，降低滤布更换频次，节约污泥调理药剂用量和压榨电耗，如图5.2-7和图5.2-8所示。

3. 经济性

河西二期项目折算吨水用地面积为0.436 m^2/（m^3/d），根据《城市污水处理工程项目建设标准》建标198-2022，项目属Ⅲ类建设用地控制指标，吨水用地面积远低于标准规定的1.4 m^2/（m^3/d）；厂区单位水量投资为2 714元，低于国内类似项目的平均水平。

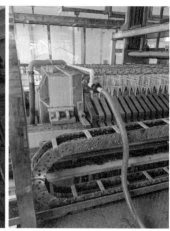

图5.2-7　板框脱泥系统增加配药缓冲罐，改造滤板

图5.2-8　滤布在线浸泡后用原有高压系统清洗滤布的前（左）、后（右）效果

多级工艺设计节地节能。厂区绿化等均采用中水，节约水资源。工艺段采用的改良AAO工艺吸收AO工艺"顺流反硝化理念"，降低内回流比电耗。另外，该工艺常规水深不超过6.0m，但该单体水深达8.0m，节约了建设用地，且在二级处理前端设置提升泵房，可有效避免因池深增加而可能产生的深基坑施工。深度处理采用一池多用的反硝化深床滤池，同步去除TN、SS、TP三个水质指标，运行可靠，现阶段，在无需化学加药除磷的情况下，可以满足出水水质BOD<5mg/L，SS<5mg/L，TP<1mg/L。近一年厂区吨水处理电耗为0.3 kWh/m³，10%含量的PAC投加量为76mg/L。

5.2.3 项目成效

河西二期厂区工程自2019年底通水以来,生产运行稳定可靠,维护简单方便,水质达标率达100%,最高日处理水量达到9.06万t。河西二期工程的投运,实现了株洲市河西片区污水的应收尽收,使陈埠港在旱季不再溢流、雨季极大减少溢流频次,妥善解决了中央环保督察通报的陈埠港超量污水直排的问题。该项目所具备的创新点,体现的先进性与智慧性,以及工程建设及运维角度的经济性,在行业内具有一定的推广及借鉴意义。

5.3 白石港水质净化中心一期工程

5.3.1 项目概况

白石港水质净化中心一期工程是株洲市"一江四港"综合整治重点项目之一,该项目于2012年5月正式启动,厂区部分于2013年12月完成建设并正式投入试运行,2014年4月1日进入正式运行,项目获评全国"市政金杯奖"及"湖南省优质工程"。

项目选址于株洲市云龙示范区学林办事处锅底塘组,白石港北岸、汽车城斜对面,占地面积149亩,服务区域66km^2,服务人口67万人,如图5.3-1所示。白石港水质净化中心一期工程总投资约44 176万元,日处理污水8万t,中水回用管

图5.3-1 厂区鸟瞰图

网约25km,污水收集主干管62km,收集范围主要包括株洲市云龙示范区起步区及田心片区,设计采用微曝气氧化沟加折板絮凝池加滤布滤池深度处理工艺,出水水质达到《城镇污水处理厂污染物排放标准》GB 18918—2002一级A标准,是株洲市第一个达到出水水质一级A标准的污水处理厂。

5.3.2 项目特色及创新

2022年1月,白石港水质净化中心一期利用厂区开阔的场地优势,搭建分布式太阳能发电系统,建成光伏发电项目,成为株洲首家"光伏+污水处理"项目,如图5.3-2所示。该项目总面积约31 495.2m^2,光伏总装机容量为2.86MWp,预估年平均发电量258万kW·h,累计年节约电费成本约25万元,以清洁能源代替传统化石能源,从源头上降低了污水处理阶段能耗。

图5.3-2 分布式太阳能发电系统

此外,白石港水质净化中心一期工程将尾水资源化利用,一方面,将其作为白石港水环境综合治理项目的"河道活水"循环利用;另一方面,建立再生水示范取水点,协调引导环卫、园林等部门优先使用再生水作为城市杂用水水源,在节约了宝贵的水资源、降低了成本的同时,也彰显出政府在节能减排方面所起的作用。

5.3.3 项目成效与思考

项目自2013年12月试运行以来,已安全稳定运行近10年,出水水质达到国家

《城镇污水处理厂污染物排放标准》GB 18918—2002一级A标准，水质达标率为100%；污泥处理采用板框压滤机，泥饼含水率在50%以下，高于国家含水率60%的标准，泥饼最终运往中材水泥，作为水泥原材料进行协同、无害化处置。项目建成后对完善株洲市云龙示范区的环保基础设施，缓解生活污水对周边区域以及湘江水体的污染，改善株洲市生态环境，保障下游饮水安全，具有十分重要的现实意义。

2019年9月，株洲市启动白石港水环境治理项目，2020年12月，白石港水环境项目开始试运行。白石港水质净化中心一期工程统筹白石港片区内的排水管网、污水处理、流域管理为一体，以污水处理厂中心控制室为基础，建立四套运营控制系统：管网泵站监控系统、污水处理厂控制系统、河道管理监控系统、再生水回用控制系统，探索白石港流域的"厂站网河"一体化管理，经过3年的摸索运营，已基本实现了白石港流域的"厂站网河"联动管理，对减少白石港内涝和溢流污染风险、提升片区内的污水设施利用效率起到了积极的作用。

下阶段，白石港水质净化中心一期工程将继续探索流域内的"厂站网河"一体化管理，继续为株洲市探索"点—线—面"结合的流域精细化管理机制，为全市统筹实施"厂站网河"一体化运营管理积累经验。

5.4 常德市污水净化中心更新改造工程

5.4.1 项目概况

常德市污水净化中心紧邻常德市柳叶湖景区（柳叶湖是全国最大的城市内陆湖）。为满足柳叶湖国家湿地公园的建设要求，常德市污水净化中心建设了更新改造工程和尾水深度净化工程，如图5.4-1所示，其尾水排放执行《地表水环境质量标准》GB 3838—2002中Ⅲ类标准，作为柳叶湖和穿紫河的补水水源。

该项目服务范围涵盖常德市江北城区64%的排水区域。常德市污水净化中心始建于20世纪90年代末，设计规模10万m^3/d，采用"预处理+氧化沟+二沉池"工艺，出水水质总体达到《城镇污水处理厂污染物排放标准》GB 18918—2002中一级B标准。其至改造前已运行近20年，设计标准低，脱氮除磷效率低，能耗高；随着常德市的发展，其纳污区实际污水量超设计规模50%。项目主要对污水净化中心现有的处理设施进行改造，保障后续尾水深度净化工程的安全运行和出

图5.4-1 常德市污水净化中心更新改造工程竣工后实景图

水水质稳定达标。由于建设年代久远,设计施工资料缺失,地下管线错综复杂,而且要求建设期不能停产、减产,项目周边敏感目标多,同时还需考虑与二期扩建的合理衔接,并满足二期扩建之前具备稳定超产能力,以消除超量污水溢流污染,因此项目实施难度极大。

项目于2017年2月启动专项研究工作,同年7月完成设计,2018年12月试运行,2019年8月完成竣工验收。其整体效果图如图5.4-2所示。

图5.4-2 常德市污水净化中心和尾水深度净化工程整体效果图

项目团队开展专项研究，提出创新且实效的改造方案，开发应用多项专利技术，优化设计方案，实现了出水水质由一级B到显著优于《地表水环境质量标准》GB 3838—2002中Ⅳ类水的重大提升，投产以来出水达标率100%，为同类项目（用地紧张、需提标扩建的项目）提供了良好的示范和借鉴。

项目二期扩建工程实施后，污水处理规模达到15万m^3/d，污水厂出水至以人工湿地处理工艺为主的尾水深度处理工程进行深度净化，整体出水水质达到《地表水环境质量标准》GB 3838—2002中Ⅲ类标准，为中部地区规模最大、出水水质标准最高的湿地项目。

5.4.2 项目特色及创新

①开发了具有自主知识产权的高效同步脱氮除磷技术，实现污水厂原位提标扩容。研究形成8项专利技术，并应用于本项目，形成了自主知识产权的技术成果。

将好氧池流场从"推流模式"优化为"整体推流、局部循环流"；营造适度低氧运行的组合技术方案，实现高效同步脱氮除磷。运行表明，该技术可节约30%~40%碳源、剩余污泥产量减少20%~25%、曝气能耗降低20%~30%。

②采用自主研发的高效絮凝技术，显著提升絮凝和固液分离效果。

基于高效絮凝技术，实现最佳的固液分离效果。运行以来，高效沉淀池实际加药（PAC）平均5mg/L，可有效控制出水TP<0.3mg/L、SS<5mg/L，减少絮凝剂用量约50%。

③创新设计方法，将BIM技术、计算机仿真技术和工程技术结合，实现设计方案、施工方案最优化，为智慧水务建设奠定基础。

5.4.3 项目成效与思考

（1）直接效益显著，性能指标国内领先，减碳、节能、节地效果显著。

①出水水质改善。

项目投产至今达标率100%，实现了出水水质主要指标由一级B到优于《地表水环境质量标准》GB 3838—2002中Ⅳ类水的重大提升。

②能耗、药耗降低。

相较于改造前，装机功率减少270kW·h，运行功率降低300kW·h，每年节省电费约236万元，每年节省碳源、絮凝剂等药剂费约118万元。节能和碳减排效果显著。

③用地节约。

改造后污水净化中心单位建设净用地约$0.68m^2/m^3 \cdot d$,根据《城市污水处理工程项目建设标准》建标198—2022,项目属Ⅱ类建设用地控制指标,单位建设净用地面积远低于标准规定的$1.30m^2/m^3 \cdot d$。

(2)间接效益显著,为同类项目提供了示范和借鉴。

①污水处理效能的提升,对改善柳叶湖及其内河的水环境、建设"国家海绵城市试点""国家湿地城市"、创建柳叶湖国家级旅游度假区具有重要意义。

②为同类项目提供了示范和借鉴。

项目团队提出了创新且实效的改造方案,提升了耐冲击负荷的能力,实现了出水水质由《城镇污水处理厂污染物排放标准》GB 18918—2002一级B到显著优于《地表水环境质量标准》GB 3838—2002中Ⅳ类水的重大提升,投产以来出水达标率100%,为同类项目(用地紧张、需提标扩建的项目)提供了良好的示范和借鉴。

附录一 全国城镇排水发展概况

根据《中国城乡建设统计年鉴》(2022)数据,全国城镇(城市及县城)污水年排放总量为753.90亿m^3,较2021年增长2.66%,城市污水处理厂共4 695座,处理能力为2.58亿m^3/d,同比增长4.22%,污水年处理总量为738.30亿m^3,较2021年增长2.98%。截至2022年我国城市和县城排水管道总长度为116.52万km,较2021年增长4.91%。

2022年,城市污水处理率98.11%,比上年增加0.22%;城市生活污水集中收集率70.06%,比上年增加1.16%。县城污水处理率96.94%,比上年提高0.83%。

1. 全国城镇排水与污水处理设施总体情况

1)城市。

截至2022年底,我国城市排水管道长度达到91.35万km。较2021年增长4.73%,其中污水管道、雨水管道和雨污合流管道长度分别为42.06万km、40.70万km、8.59万km,占比分别为46.04%、44.55%和9.41%。2011年~2022年我国城市排水管道长度变化情况如附图1-1所示。2011年~2022年城市新增排水管道主要为污水管道和雨水管道,分流制管道长度增加,雨污合流管道长度呈下降趋势。

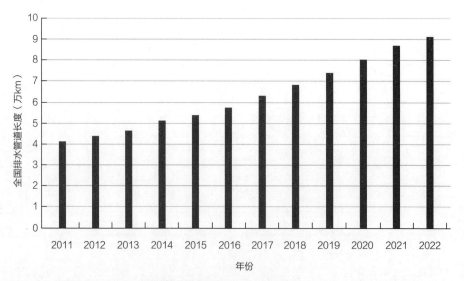

附图1-1 2011年~2022年我国城市排水管道长度变化情况
数据来源:《中国城乡建设统计年鉴》(2011~2022)

截至2022年底，我国城市污水处理厂数量达到2894座，较2021年增长2.37%，污水处理厂处理能力为21606.1万m³/d，较2021年增长4.04%。2011年~2022年我国城市污水处理厂数量及处理能力变化情况如附图1-2所示。

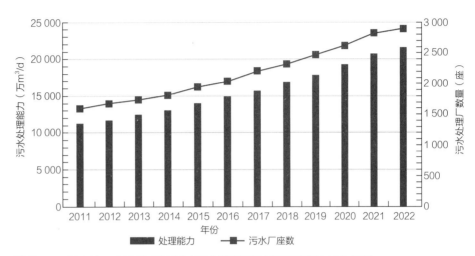

附图1-2　2011年~2022年我国城市污水处理厂数量及处理能力变化情况
数据来源：《中国城乡建设统计年鉴》（2011~2022）

2022年，我国城市污水处理厂干污泥产生量为1369.86万t，较2021年增长-5.06%；我国城市再生水生产能力为7938.50万m³/d，较2021年增长11.26%；再生水利用量为179.55亿m³，较2021年增长11.49%。

截至2022年底，我国城市排水设施建设固定资产投资为1905.10亿元，较2021年增长-8.36%。2011年~2022年我国城市排水设施建设固定投资变化情况如附图1-3所示。

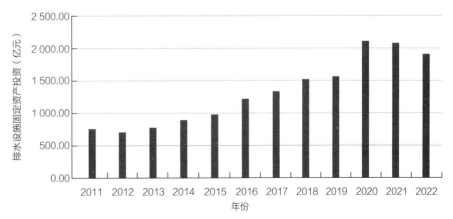

附图1-3　2011年~2022年我国城市排水设施建设固定资产投资变化情况
数据来源：《中国城乡建设统计年鉴》（2011~2022）

2）县城。

截至2022年底，我国县城排水管道长度达到25.17万km，较2021年增长5.58%。其中污水管道、雨水管道和雨污合流管道长度分别为11.92万km、9.42万km、3.83万km，占比分别为47.36%、37.43%和15.21%。2011年～2022年我国县城排水管道长度变化情况如附图1-4所示，2011年～2022年县城新增排水管道主要为污水管道和雨水管道，分流制管道长度增加，雨污合流管道长度呈下降趋势。

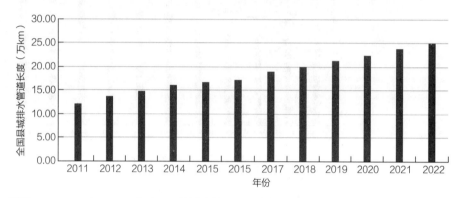

附图1-4　2011年～2022年我国县城排水管道长度变化情况
数据来源：《中国城乡建设统计年鉴》（2011～2022）

截至2022年底，我国县城污水处理厂数量达到1 801座，较2021年增长2.04%，污水处理厂处理能力为4 185万m³/d，较2021年增长4.96%。2011年～2022年我国县城污水处理厂数量及处理能力变化情况如附图1-5所示。

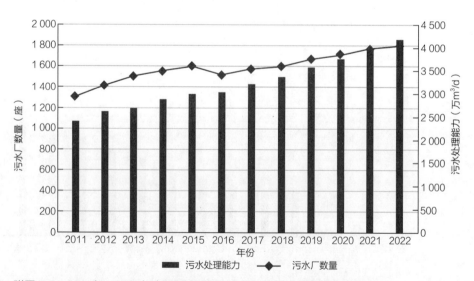

附图1-5　2011年～2022年我国县城污水处理厂数量和处理能力变化情况
数据来源：《中国城乡建设统计年鉴》（2011～2022）

2022年，我国县城污水处理厂干污泥产生量205.29万t，较2021年增加3.22%；我国县城再生水生产能力为1 145.5万m³/d，较2021年增长14.98%，再生水利用量为17.79亿m³，较2021年增长17.97%；我国县城排水设施建设固定资产投资为771.7亿元，较2021年增长21.34%。其中排水管道、污水处理设施及再生水利用设施建设固定资产投资分别为452.38亿元、319.3亿元，较2021年分别增长45.87%、-2.00%。

2. 湖南省与其他省市的总体情况比较

1）城市。

截至2022年底，我国的31个省市（自治区、直辖市）城市排水管道长度、污水处理厂数量及处理能力、干泥产生量如附图1-6～附图1-8所示。

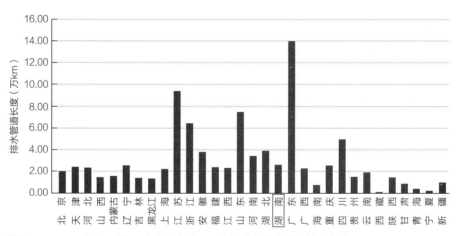

附图1-6　2022年我国的31个省（自治区、直辖市）城市排水管道长度
数据来源：《中国城乡建设统计年鉴》（2022）

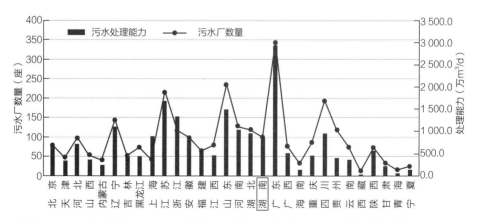

附图1-7　2022年我国的31个省（自治区、直辖市）城市污水处理厂数量及处理能力
数据来源：《中国城乡建设统计年鉴》（2022）

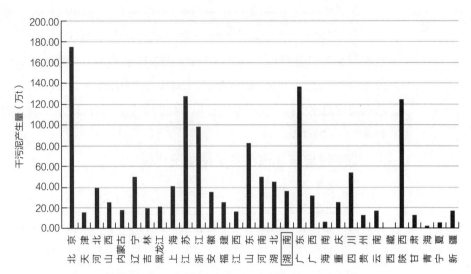

附图1-8　2022年我国的31个省（自治区、直辖市）城市干污泥产生量
数据来源：《中国城乡建设统计年鉴》（2022）

2）县城。

截至2022年底，我国的28个省（自治区、直辖市）县城排水管道长度、污水处理厂数量及处理能力、干污泥产生量如附图1-9～附图1-11所示。

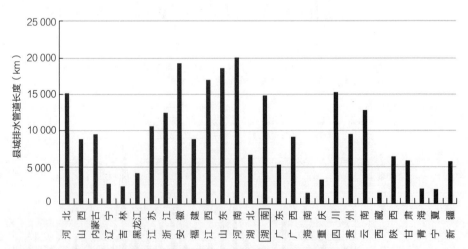

附图1-9　2022年我国的28个省（自治区、直辖市）县城排水管道长度
数据来源：《中国城乡建设统计年鉴》（2022）

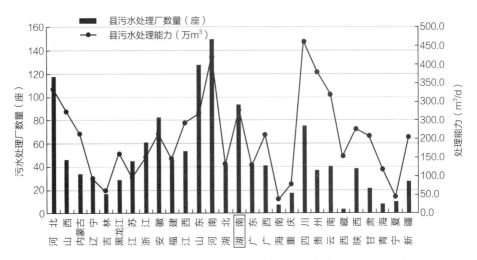

附图1-10　2022年我国的28个省（自治区、直辖市）县城污水处理厂数量及处理能力
数据来源：《中国城乡建设统计年鉴》（2022）

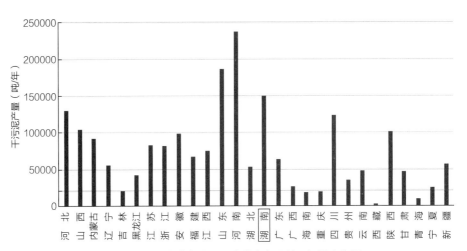

附图1-11　2022年我国的28个省（自治区、直辖市）县城干污泥产生量
数据来源：《中国城乡建设统计年鉴》（2022）

附录二　国内2022年排水行业政策

1. 2022年国家发布的与排水相关的政策文件

2022年国家发布的与排水相关的政策文件　　　　　　　　　　附表2-1

序号	名称及文号	网址链接	发布时间
中共中央、国务院发布			
1	国务院办公厅转发国家发展改革委等部门关于加快推进城镇环境基础设施建设指导意见的通知（国办函〔2022〕7号）	中华人民共和国中央人民政府官方网站	2022-02-09
2	国务院办公厅关于加强入河入海排污口监督管理工作的实施意见（国办函〔2022〕17号）	中华人民共和国中央人民政府官方网站	2022-03-02
3	国务院关于支持宁夏建设黄河流域生态保护和高质量发展先行区实施方案的批复（国函〔2022〕32号）	中华人民共和国中央人民政府官方网站	2022-04-26
4	中共中央办公厅 国务院办公厅印发《关于推进以县城为重要载体的城镇化建设的意见》（中办发〔2022〕37号）	中华人民共和国中央人民政府官方网站	2022-05-06
5	国务院办公厅关于印发新污染物治理行动方案的通知（国办发〔2022〕15号）	中华人民共和国中央人民政府官方网站	2022-05-24
国务院有关部委发布			
6	住房和城乡建设部关于印发《"十四五"推动长江经济带发展城乡建设行动方案》《"十四五"黄河流域生态保护和高质量发展城乡建设行动方案》的通知（建城〔2022〕3号）	中华人民共和国住房和城乡建设部官方网站	2022-01-06
7	生态环境部 农业农村部 住房和城乡建设部 水利部 国家乡村振兴局关于印发《农业农村污染治理攻坚战行动方案（2021—2025年）》的通知（环土壤〔2022〕8号）	中华人民共和国生态环境部官方网站	2022-01-25
8	住房和城乡建设部 国家发展改革委关于印发国家节水型城市申报与评选管理办法的通知（建城〔2022〕15号）	中华人民共和国住房和城乡建设部官方网站	2022-01-26
9	财政部办公厅 生态环境部办公厅 关于开展2022年农村黑臭水体治理试点工作的通知（财办资环〔2022〕5号）	中华人民共和国财政部官方网站	2022-02-24
10	住房和城乡建设部关于印发《"十四五"住房和城乡建设科技发展规划》的通知（建标〔2022〕23号）	中华人民共和国住房和城乡建设部官方网站	2022-03-01
11	国家发展改革委关于印发《2022年新型城镇化和城乡融合发展重点任务》的通知（发改规划〔2022〕371号）	中华人民共和国国家发展和改革委员会官方网站	2022-03-10
12	生态环境部关于印发《"十四五"生态保护监管规划》的通知（环生态〔2022〕15号）	中华人民共和国生态环境部官方网站	2022-03-18

续表

序号	名称及文号	网址链接	发布时间
13	住房和城乡建设部 生态环境部 国家发展改革委 水利部关于印发深入打好城市黑臭水体治理攻坚战实施方案的通知（建城〔2022〕29号）	中华人民共和国住房和城乡建设部官方网站	2022-03-28
14	生态环境部关于印发《关于加强排污许可执法监管的指导意见》的通知（环执法〔2022〕23号）	中华人民共和国生态环境部官方网站	2022-03-29
15	住房和城乡建设部办公厅 国家发展改革委办公厅关于做好2022年城市排水防涝工作的通知（建办城函〔2022〕134号）	中华人民共和国住房和城乡建设部官方网站	2022-03-31
16	国家卫生健康委关于发布推荐性卫生行业标准《污水中新型冠状病毒富集浓缩和核酸检测方法标准》的通告（国卫通〔2022〕5号）	中华人民共和国国家卫生健康委员会官方网站	2022-04-06
17	财政部办公厅 住房城乡建设部办公厅 水利部办公厅关于开展"十四五"第二批系统化全域推进海绵城市建设示范工作的通知（财办建〔2022〕28号）	中华人民共和国财政部官方网站	2022-04-15
18	住房和城乡建设部办公厅关于进一步明确海绵城市建设工作有关要求的通知（建办城〔2022〕17号）	中华人民共和国住房和城乡建设部官方网站	2022-04-18
19	住房和城乡建设部 国家发展改革委 水利部关于印发"十四五"城市排水防涝体系建设行动计划的通知（建城〔2022〕36号）	中华人民共和国住房和城乡建设部官方网站	2022-04-27
20	住房和城乡建设部关于印发"十四五"工程勘察设计行业发展规划的通知（建质〔2022〕38号）	中华人民共和国住房和城乡建设部官方网站	2022-05-09
21	生态环境部办公厅关于印发《地下水污染可渗透反应格栅技术指南（试行）》等4项技术文件的通知（环办土壤〔2022〕16号）	中华人民共和国生态环境部官方网站	2022-05-24
22	生态环境部 国家发展和改革委员会 工业和信息化部 住房和城乡建设部 交通运输部 农业农村部 国家能源局关于印发《减污降碳协同增效实施方案》的通知（环综合〔2022〕42号）	中华人民共和国生态环境部官方网站	2022-06-13
23	国家发展改革委关于印发"十四五"新型城镇化实施方案的通知（发改规划〔2022〕960号）	中华人民共和国国家发展和改革委员会官方网站	2022-06-21
24	住房和城乡建设部 国家发展改革委关于印发城乡建设领域碳达峰实施方案的通知（建标〔2022〕53号）	中华人民共和国住房和城乡建设部官方网站	2022-06-30
25	住房和城乡建设部 国家发展改革委关于印发"十四五"全国城市基础设施建设规划的通知（建城〔2022〕57号）	中华人民共和国住房和城乡建设部官方网站	2022-07-07
26	生态环境部 最高人民法院 最高人民检察院 国家发展和改革委员会 工业和信息化部 公安部 自然资源部 住房和城乡建设部 水利部 农业农村部 中国气象局 国家林业和草原局关于印发《黄河生态保护治理攻坚战行动方案》的通知（环综合〔2022〕51号）	中华人民共和国生态环境部官方网站	2022-08-15
27	生态环境部 国家发展和改革委员会 最高人民法院 最高人民检察院 科学技术部 工业和信息化部 公安部 财政部 人力资源和社会保障部 自然资源部 住房和城乡建设部 交通运输部 水利部 农业农村部 应急管理部 国家林业和草原局 国家矿山安全监察局关于印发《深入打好长江保护修复攻坚战行动方案》的通知（环水体〔2022〕55号）	中华人民共和国生态环境部官方网站	2022-09-08

续表

序号	名称及文号	网址链接	发布时间
28	科技部 生态环境部 住房和城乡建设部 气象局 林草局关于印发《"十四五"生态环境领域科技创新专项规划》的通知（国科发社〔2022〕238号）	中华人民共和国科学技术部官方网站	2022-09-19
29	国家发展改革委 住房城乡建设部 生态环境部关于印发《污泥无害化处理和资源化利用实施方案》的通知（发改环资〔2022〕1453号）	中华人民共和国中央人民政府官方网站	2022-09-22
30	科技部关于印发《黄河流域生态保护和高质量发展科技创新实施方案》的通知（国科发社〔2022〕278号）	中华人民共和国科学技术部官方网站	2022-10-08
31	国家发展改革委办公厅 国家能源局综合司关于促进光伏产业链健康发展有关事项的通知（发改办运行〔2022〕788号）	中华人民共和国国家发展和改革委员会官方网站	2022-10-28
32	科技部 住房城乡建设部关于印发《"十四五"城镇化与城市发展科技创新专项规划》的通知（国科发社〔2022〕320号）	中华人民共和国科学技术部官方网站	2022-11-18
33	住房和城乡建设部关于修改《城镇污水排入排水管网许可管理办法》的决定（2022年12月1日中华人民共和国住房和城乡建设部令第56号公布）	中华人民共和国住房和城乡建设部官方网站	2022-12-01
34	生态环境部办公厅 水利部办公厅关于贯彻落实《国务院办公厅关于加强入河入海排污口监督管理工作的实施意见》的通知（环办水体〔2022〕34号）	中华人民共和国生态环境部官方网站	2022-12-22
35	国家发展改革委 住房城乡建设部 生态环境部印发《关于推进建制镇生活污水垃圾处理设施建设和管理的实施方案》的通知（发改环资〔2022〕1932号）	中华人民共和国国家发展和改革委员会官方网站	2022-12-30
36	生态环境部办公厅关于印发2022年《国家先进污染防治技术目录（水污染防治领域）》的通知（环办科财函〔2022〕500号）	中华人民共和国生态环境部官方网站	2022-12-30

2. 2022年湖南省、市发布的与排水相关的政策文件

湖南省、市发布的与排水相关的政策文件　　　　附表2-2

序号	名称及文号	网址链接	发布时间
1	湖南省人民政府办公厅关于印发《湖南省贯彻落实〈中华人民共和国长江保护法〉实施方案》的通知（湘政办发〔2022〕6号）	湖南省人民政府官方网站	2022-01-18
2	湖南省生态环境厅 湖南省发展和改革委员会 湖南省工业和信息化厅关于压实园区企业污染防治主体责任的通知（湘环发〔2022〕1号）	湖南省生态环境厅官方网站	2022-01-18
3	湖南省生态环境厅关于印发《湖南省"十四五"重金属污染防治规划》的通知（湘环发〔2022〕27号）	湖南省生态环境厅官方网站	2022-04-13
4	湖南省住房和城乡建设厅关于印发《湖南省房屋建筑和市政基础设施工程初步设计审批管理办法》的通知（湘建设〔2022〕30号）	湖南省住房和城乡建设厅官方网站	2022-04-18

续表

序号	名称及文号	网址链接	发布时间
5	湖南省住房和城乡建设厅关于印发《湖南省县以上城市生活污水处理厂运行管理评价管理办法》的通知（湘建城〔2022〕34号）	湖南省住房和城乡建设厅官方网站	2022-04-20
6	湖南省水利厅关于修订印发《湖南省生产建设项目水土保持监督管理办法》的通知（湘水发〔2022〕14号）	湖南省人民政府官方网站	2022-04-29
7	湖南省人民政府办公厅关于印发《湖南省主要污染物排污权有偿使用和交易管理办法》的通知（湘政办发〔2022〕23号）	湖南省人民政府官方网站	2022-05-11
8	湖南省人民政府办公厅关于印发《洞庭湖总磷污染控制与削减攻坚行动计划（2022—2025年）》的通知（湘政办发〔2022〕29号）	湖南省人民政府官方网站	2022-06-01
9	湖南省生态环境厅等六部门关于印发《湖南省农村生活污水治理专项规划（2022-2030年）》的通知（湘环发〔2022〕38号）	湖南省生态环境厅官方网站	2022-06-13
10	湖南省生态环境厅关于印发《湖南省生态环境保护重点排污单位非现场监管工作规范（试行）》的通知（湘环发〔2022〕29号）	湖南省人民政府官方网站	2022-07-18
11	湖南省住房和城乡建设厅印发关于加强建设科技计划项目全流程管理的通知（湘建科〔2022〕140号）	湖南省住房和城乡建设厅官方网站	2022-07-27
12	湖南省人民政府办公厅关于印发《湖南省"十四五"生态环境保护规划》的通知（湘政办发〔2021〕61号）	湖南省生态环境厅官方网站	2022-07-28
13	湖南省发展和改革委员会 湖南省住房和城乡建设厅关于印发《湖南省城镇供水价格管理实施细则》的通知（湘发改价调规〔2022〕620号）	湖南省人民政府官方网站	2022-08-09
14	湖南省人民政府关于印发《湖南省"十四五"节能减排综合工作实施方案》的通知（湘政发〔2022〕16号）	湖南省人民政府官方网站	2022-08-24
15	湖南省财政厅 湖南省发展和改革委员会 湖南省生态环境厅关于湖南省主要污染物排污权有偿使用收费标准 政府收储和出让排污权指标基价等有关事项的通知（湘财税〔2022〕16号）	湖南省财政厅官方网站	2022-09-26
16	湖南省人民政府关于印发《湖南省碳达峰实施方案》的通知（湘政发〔2022〕19号）	湖南省人民政府官方网站	2022-10-28
17	湖南省财政厅关于印发《湖南省财政支持做好碳达峰碳中和工作的实施意见》的通知（湘财资环〔2022〕39号）	湖南省财政厅官方网站	2022-10-31
18	湖南省生态环境厅关于印发《湖南省化工园区污水收集处理规范化建设暂行规定》的通知（湘环发〔2022〕99号）	湖南省人民政府官方网站	2022-12-27
19	湖南省财政厅 湖南省生态环境厅 国家税务总局湖南省税务局关于印发《湖南省主要污染物排污权有偿使用收入征收使用管理办法》的通知（湘财税〔2022〕20号）	湖南省财政厅官方网站	2022-12-29

3. 2022年其他省、市发布的与排水相关的政策文件

2022年其他省、市发布的与排水相关的政策文件　　　　附表2-3

序号	区域位置	名称及文号	网址链接	发布时间
1	北京市	北京市住房和城乡建设委员会关于印发《北京市房屋建筑、市政基础设施和地方铁路建设工程质量监督工作规定》的通知（京建法〔2022〕1号）	北京市住房和城乡建设委员会官方网站	2022-02-07
2	北京市	北京市人民政府办公厅关于印发《北京市深入打好污染防治攻坚战2022年行动计划》的通知（京政办发〔2022〕6号）	北京市人民政府官方网站	2022-03-02
3	北京市	北京市人民政府关于印发《北京市"十四五"时期重大基础设施发展规划》的通知（京政发〔2022〕9号）	北京市人民政府官方网站	2022-03-03
4	北京市	北京市水务局 北京市发展和改革委员会关于印发《关于加强"十四五"时期全市生产生活用水总量管控的实施意见》的通知（京节水办〔2022〕7号）	北京市水务局官方网站	2022-03-21
5	北京市	北京市生态环境局 北京市市场监督管理局关于印发《北京市"十四五"时期地方生态环境标准发展规划》的通知（京环发〔2022〕4号）	北京市生态环境局官方网站	2022-04-07
6	北京市	北京市住房和城乡建设委员会关于印发《北京市"十四五"时期住房和城乡建设科技发展规划》的通知（京建发〔2022〕81号）	北京市住房和城乡建设委员会官方网站	2022-03-30
7	北京市	北京市生态环境局关于印发《北京市落实＜农业农村污染治理攻坚战行动方案（2021—2025年）＞实施方案》的通知（京环发〔2022〕10号）	北京市生态环境局官方网站	2022-06-02
8	北京市	北京市水务局 北京市人民政府国有资产监督管理委员会印发《关于进一步强化供排水行业监管责任提高公共服务水平的意见》的通知（京水务办〔2022〕11号）	北京市水务局官方网站	2022-06-21
9	北京市	北京市人民政府关于进一步加强水生态保护修复工作的意见（京政发〔2022〕29号）	北京市人民政府官方网站	2022-09-05
10	北京市	北京市水务局关于印发《北京市临时应急取（排）地下水等备案事项管理办法（试行）》的通知（京水务地〔2022〕12号）	北京市水务局官方网站	2022-09-09
11	北京市	北京市人民政府关于印发《北京市碳达峰实施方案》的通知（京政发〔2022〕31号）	北京市人民政府官方网站	2022-10-13
12	北京市	中共北京市委生态文明建设委员会关于印发《北京市加强水生态空间管控工作的意见》的通知（京生态文明委〔2022〕4号）	北京市生态环境局官方网站	2022-11-09
13	北京市	北京市人民代表大会常务委员会发布《北京市节水条例》（2022年11月25日北京市第十五届人民代表大会常务委员会第四十五次会议通过）	北京市水务局官方网站	2022-12-27

续表

序号	区域位置	名称及文号	网址链接	发布时间
14	北京市	北京市人民政府办公厅关于印发《北京市水生态区域补偿暂行办法》的通知（京政办发〔2022〕31号）	北京市人民政府官方网站	2022-12-30
15	上海市	上海市生态环境局关于征求《水产养殖尾水排放标准（征求意见稿）》意见的函（沪环函〔2022〕130号）	上海市生态环境局官方网站	2022-10-26
16	上海市	上海市人民政府关于废止《上海市合流污水治理设施管理办法》的决定（沪府令71号）	上海市人民政府官方网站	2022-11-15
17	天津市	天津市人民政府办公厅关于印发天津市生态环境保护"十四五"规划的通知（津政办发〔2022〕2号）	天津市人民政府官方网站	2022-01-17
18	天津市	天津市人民政府关于天津市海河流域中下游区域水环境综合治理与可持续发展试点实施方案的批复（津政函〔2022〕9号）	天津市人民政府官方网站	2022-01-30
19	天津市	天津市人民政府关于印发天津市"十四五"节能减排工作实施方案的通知（津政发〔2022〕10号）	天津市人民政府官方网站	2022-05-10
20	天津市	天津市人民政府办公厅关于印发天津市入河入海排污口排查整治工作方案的通知（津政办函〔2022〕23号）	天津市人民政府官方网站	2022-06-15
21	天津市	天津市人民政府办公厅关于印发天津市实施城市内涝系统化治理工作方案的通知（津政办发〔2022〕40号）	天津市人民政府官方网站	2022-07-06
22	天津市	天津市住房城乡建设委市政务服务办关于在建筑工程施工许可审批中强化地下管线保护"八个一律"工作措施的通知（津住建政务〔2022〕35号）	天津市住房和城乡建设委员会官方网站	2022-08-10
23	天津市	天津市生态环境局 市发展和改革委员会 市工业和信息化局 市住房和城乡建设委员会 市交通运输委员会 市农业农村委员会关于印发《天津市减污降碳协同增效实施方案》的通知（津环气候〔2022〕115号）	天津市生态环境局官方网站	2022-12-07
24	辽宁省	辽宁省生态环境厅 辽宁省住房和城乡建设厅关于印发《辽宁省"十四五"城市黑臭水体整治环境保护行动方案》的通知（辽环发〔2022〕18号）	辽宁省环境保护厅官方网站	2022-08-13
25	辽宁省	辽宁省人民政府关于印发《辽宁省碳达峰实施方案的通知》（辽政发〔2022〕21号）	辽宁省人民政府官方网站	2022-09-12
26	浙江省	浙江省住房和城乡建设厅 浙江省生态环境厅关于印发《浙江省农村生活污水治理行政村覆盖率和出水水质达标率计算方法》的通知（浙建村发〔2022〕43号）	浙江省住房和城乡建设厅官方网站	2022-04-12
27	浙江省	浙江省住房和城乡建设厅关于发布《农村生活污水治理设计管理和文件编制导则》的公告	浙江省住房和城乡建设厅官方网站	2022-05-26

续表

序号	区域位置	名称及文号	网址链接	发布时间
28	浙江省	浙江省生态环境厅关于征求《浙江省入河入海排污口排查整治工作方案（征求意见稿）》意见的函	浙江省生态环境厅官方网站	2022-09-20
29	吉林省	吉林省人民政府办公厅关于印发《吉林省全域统筹推进畜禽粪污资源化利用实施方案的通知》（吉政办发〔2022〕5号）	吉林省人民政府官方网站	2022-05-23
30	吉林省	吉林省人民政府关于印发《吉林省碳达峰实施方案的通知》（吉政发〔2022〕11号）	吉林省人民政府官方网站	2022-08-01
31	吉林省	吉林省人民政府关于印发《吉林省"十四五"节能减排综合实施方案的通知》（吉政发〔2022〕14号）	吉林省人民政府官方网站	2022-08-22
32	吉林省	吉林省人民政府关于印发《"氢动吉林"行动实施方案的通知》（吉政发〔2022〕23号）	吉林省人民政府官方网站	2022-12-06
33	黑龙江省	黑龙江省人民政府关于印发《黑龙江省建立健全绿色低碳循环发展经济体系实施方案的通知》（黑政规〔2021〕23号）	黑龙江省人民政府官方网站	2022-01-05
34	黑龙江省	黑龙江省人民政府办公厅关于《鼓励和支持社会资本参与生态保护修复的实施意见》（黑政办规〔2022〕5号）	黑龙江省人民政府官方网站	2022-02-28
35	黑龙江省	黑龙江省人民政府关于印发《黑龙江省"十四五"节能减排综合工作实施方案的通知》（黑政发〔2022〕11号）	黑龙江省人民政府官方网站	2022-03-30
36	黑龙江省	黑龙江省人民政府办公厅关于印发《黑龙江省入河排污口排查整治专项行动实施方案的通知》（黑政办规〔2022〕19号）	黑龙江省人民政府官方网站	2022-06-21
37	黑龙江省	黑龙江省人民政府办公厅关于印发《2022年黑龙江省秸秆综合利用工作实施方案的通知》（黑政办规〔2022〕23号）	黑龙江省人民政府官方网站	2022-09-23
38	黑龙江省	黑龙江省人民政府办公厅关于印发《黑龙江省新污染物治理工作方案的通知》（黑政办发〔2022〕56号）	黑龙江省人民政府官方网站	2022-11-03
39	河北省	河北省发展和改革委员会关于进一步做好2022年省级节能与循环经济专项资金支持项目管理工作的通知（冀发改环资〔2022〕492号）	河北省发展和改革委员会官方网站	2022-04-12
40	山西省	山西省农业农村厅关于做好山西省"十四五"水生生物增殖放流工作的实施意见（晋农垦渔发〔2022〕3号）	山西省农业农村厅官方网站	2022-05-12
41	山西省	山西省水利厅关于印发《山西省水利厅水土保持区域评估管理办法》的通知（晋水规发〔2022〕2号）	山西省水利厅官方网站	2022-08-22
42	山西省	山西省水利厅关于印发《水权交易管理办法（试行）》的通知（晋水规发〔2022〕4号）	山西省水利厅官方网站	2022-10-31

续表

序号	区域位置	名称及文号	网址链接	发布时间
43	山西省	山西省人民政府办公厅印发关于加强全省入河排污口监督管理工作实施方案的通知（晋政办发〔2022〕102号）	山西省人民政府官方网站	2022-12-26
44	内蒙古自治区	内蒙古自治区人民政府办公厅关于印发自治区"十四五"节能规划的通知（内政办发〔2022〕11号）	内蒙古自治区人民政府官方网站	2022-02-08
45	内蒙古自治区	内蒙古自治区人民政府办公厅关于印发自治区"十四五"能源发展规划的通知（内政办发〔2022〕16号）	内蒙古自治区人民政府官方网站	2022-02-28
46	内蒙古自治区	内蒙古自治区人民政府关于印发自治区"十四五"节能减排综合工作实施方案的通知（内政发〔2022〕17号）	内蒙古自治区人民政府官方网站	2022-05-25
47	四川省	四川省人民政府关于印发《四川省"十四五"生态环境保护规划》的通知（川府发〔2022〕2号）	四川省人民政府官方网站	2022-01-17
48	四川省	四川省人民政府办公厅关于印发《四川省入河排污口排查整治工作方案》的通知（川办发〔2022〕61号）	四川省人民政府官方网站	2022-07-18
49	四川省	四川省人民政府关于印发《四川省"十四五"节能减排综合工作方案》的通知（川府发〔2022〕20号）	四川省人民政府官方网站	2022-07-21
50	四川省	四川省住房和城乡建设厅 四川省财政厅 四川省水利厅关于印发《四川省海绵城市建设管理办法》的通知（川建行规〔2022〕13号）	四川省住房和城乡建设厅官方网站	2022-10-11
51	四川省	四川省人民政府办公厅关于印发《四川省新污染物治理工作方案》的通知（川办发〔2022〕77号）	四川省人民政府官方网站	2022-12-27
52	山东省	山东省生态环境厅 山东省发展和改革委员会 山东省科学技术厅 山东省财政厅 山东省自然资源厅 山东省住房和城乡建设厅 山东省水利厅 山东省农业农村厅 山东省卫生健康委员会 山东省市场监督管理局 山东省统计局 山东省乡村振兴局 山东省畜牧兽医局关于印发山东省"十四五"农业农村生态环境保护行动方案的通知（鲁环发〔2022〕2号）	山东省生态环境厅官方网站	2022-03-18
53	山东省	山东省生态环境厅 山东省发展和改革委员会 山东省工业和信息化厅 山东省财政厅 山东省自然资源厅 山东省交通运输厅 山东省应急管理厅 国家税务总局山东省税务局关于印发山东省水泥行业超低排放改造实施方案、山东省焦化行业超低排放改造实施方案的通知（鲁环发〔2022〕8号）	山东省生态环境厅官方网站	2022-06-20
54	山东省	山东省人民政府办公厅关于印发支持黄河流域生态保护和高质量发展若干财政政策的通知（鲁政办字〔2022〕95号）	山东省人民政府官方网站	2022-09-05

续表

序号	区域位置	名称及文号	网址链接	发布时间
55	山东省	山东省生态环境厅 山东省农业农村厅 山东省畜牧兽医局关于印发山东省"十四五"畜禽养殖污染防治行动方案的通知（鲁环发〔2022〕16号）	山东省生态环境厅官方网站	2022-11-01
56	山东省	山东省人民政府关于印发山东省"十四五"节能减排实施方案的通知（鲁政字〔2022〕213号）	山东省人民政府官方网站	2022-11-03
57	山东省	山东省住房和城乡建设厅 山东省发展和改革委员会 山东省自然资源厅关于印发山东省城市地下综合管廊管理规定的通知（鲁建城建字〔2022〕13号）	山东省住房和城乡建设厅官方网站	2022-11-16
58	山东省	山东省人民政府办公厅关于印发支持沿黄25县（市、区）推动黄河流域生态保护和高质量发展若干政策措施的通知（鲁政办字〔2022〕140号）	山东省人民政府官方网站	2022-11-16
59	河南省	河南省人民政府关于印发河南省"十四五"水安全保障和水生态环境保护规划的通知（豫政〔2021〕42号）	河南省人民政府官方网站	2022-01-21
60	河南省	河南省人民政府办公厅关于印发河南省四水同治规划（2021—2035年）的通知（豫政办〔2021〕84号）	河南省人民政府官方网站	2022-01-24
61	河南省	河南省人民政府关于地下水超采综合治理工作的实施意见（豫政〔2022〕5号）	河南省人民政府官方网站	2022-03-07
62	河南省	河南省人民政府办公厅关于印发河南省城市防洪排涝能力提升方案的通知（豫政办〔2022〕22号）	河南省人民政府官方网站	2022-03-18
63	河南省	河南省住房和城乡建设厅关于城镇污水排入排水管网许可管理办法的通知	河南省住房和城乡建设厅官方网站	2022-03-23
64	河南省	河南省住房和城乡建设厅关于进一步加强城市地下管线井盖管理的通知	河南省住房和城乡建设厅官方网站	2022-03-23
65	河南省	河南省住房和城乡建设厅关于印发《河南省城镇污水处理厂污泥集中处理处置管理办法》（试行）的通知（豫建行规〔2019〕1号）	河南省住房和城乡建设厅官方网站	2022-04-02
66	河南省	河南省人民政府办公厅关于印发河南省以数据有序共享服务黄河流域（河南段）生态保护和高质量发展试点实施方案的通知（豫政办〔2022〕56号）	河南省人民政府官方网站	2022-07-04
67	河南省	河南省人民政府关于印发河南省"十四五"节能减排综合工作方案的通知（豫政〔2022〕29号）	河南省人民政府官方网站	2022-08-08
68	广东省	广东省人民政府办公厅关于印发广东省"十四五"用水总量和强度管控方案的通知（粤办函〔2022〕221号）	广东省人民政府官方网站	2022-06-29

续表

序号	区域位置	名称及文号	网址链接	发布时间
69	广东省	广东省人民政府办公厅关于印发广东省加快推进城镇环境基础设施建设实施方案的通知（粤办函〔2022〕273号）	广东省人民政府官方网站	2022-09-09
70	广东省	广东省人民政府关于印发广东省"十四五"节能减排实施方案的通知（粤府〔2022〕68号）	广东省人民政府官方网站	2022-09-16
71	广东省	广东省住房和城乡建设厅 广东省生态环境厅关于印发《广东省住房和城乡建设厅 广东省生态环境厅城镇生活污水处理厂污泥处理处置管理办法》的通知（粤建城〔2022〕196号）	广东省住房和城乡建设厅官方网站	2022-09-30
72	湖北省	湖北省人民政府关于印发湖北省水安全保障"十四五"规划的通知（鄂政发〔2021〕36号）	湖北省人民政府官方网站	2022-01-21
73	湖北省	湖北省生态环境厅关于南湖警示片问题整改及水质提升工作提示函（鄂环函〔2022〕222号）	湖北省生态环境厅官方网站	2022-04-11
74	湖北省	湖北省生态环境厅 湖北省发展和改革委员会 湖北省财政厅 湖北省自然资源厅 湖北省住房和城乡建设厅 湖北省水利厅 湖北省农业农村厅关于印发《湖北省"十四五"土壤、地下水和农村生态环境保护规划》的通知（鄂环发〔2022〕15号）	湖北省生态环境厅官方网站	2022-06-17
75	湖北省	湖北省生态环境厅 湖北省农业农村厅 湖北省住房和城乡建设厅 湖北省水利厅 湖北省乡村振兴局关于印发《湖北省农业农村污染治理攻坚战实施方案（2021—2025年）》的通知（鄂环发〔2022〕17号）	湖北省生态环境厅官方网站	2022-07-01
76	湖北省	湖北省住房和城乡建设厅关于印发全省城市老旧管道更新改造工作方案（2022—2025年）的通知（鄂建文〔2022〕39号）	湖北省住房和城乡建设厅官方网站	2022-09-09
77	湖北省	湖北省生态环境厅办公室关于进一步加强建设项目环评和排污许可监管工作的通知（鄂环办〔2022〕50号）	湖北省住房和城乡建设厅官方网站	2022-10-22
78	湖北省	湖北省住房和城乡建设厅 湖北省生态环境厅关于印发《湖北省乡镇生活污水治理诚信制度管理办法（试行）》的通知（鄂建文〔2022〕52号）	湖北省住房和城乡建设厅官方网站	2022-12-05
79	湖北省	湖北省生态环境厅 湖北省发改委 湖北省经信厅 湖北省住建厅 湖北省交通运输厅 湖北省农业农村厅 湖北省能源局关于印发《湖北省减污降碳协同增效实施方案》的通知（鄂环发〔2022〕33号）	湖北省生态环境厅官方网站	2022-12-05
80	江西省	江西省人民政府办公厅关于印发《江西省农村生活污水治理行动方案（2021—2025年）》的通知（赣府厅字〔2022〕17号）	江西省人民政府官方网站	2022-03-14
81	江西省	江西省人民政府关于印发《江西省"十四五"节能减排综合工作方案》的通知（赣府字〔2022〕31号）	江西省人民政府官方网站	2022-06-06

续表

序号	区域位置	名称及文号	网址链接	发布时间
82	江西省	江西省人民政府关于印发《江西省"十四五"自然资源保护和利用规划的通知》（赣府发〔2022〕13号）	江西省人民政府官方网站	2022-06-14
83	江西省	江西省人民政府关于印发《江西省碳达峰实施方案的通知》（赣府发〔2022〕17号）	江西省人民政府官方网站	2022-07-08
84	江西省	江西省人民政府办公厅《关于深化生态保护补偿制度改革的实施意见》（赣府厅发〔2022〕27号）	江西省人民政府官方网站	2022-07-22
85	江西省	江西省人民政府办公厅关于印发《江西省新污染物治理工作方案的通知》（赣府厅字〔2022〕128号）	江西省人民政府官方网站	2022-12-22
86	贵州省	贵州省住房和城乡建设厅 省发展改革委关于做好2022年城市（县城）排水防涝工作的通知（黔建城通〔2022〕28号）	贵州省住房和城乡建设厅官方网站	2022-04-12
87	贵州省	贵州省人民政府关于《印发贵州省"十四五"节能减排综合工作方案的通知》（黔府发〔2022〕14号）	贵州省人民政府官方网站	2022-10-08
88	贵州省	中共贵州省委 贵州省人民政府关于印发《贵州省碳达峰实施方案》的通知	贵州省发展和改革委员会官方网站	2022-11-21
89	云南省	云南省人民政府关于印发《云南省加快建立健全绿色低碳循环发展经济体系行动计划的通知》（云政发〔2022〕1号）	云南省人民政府官方网站	2022-01-13
90	云南省	云南省人民政府关于印发《云南省"十四五"节能减排综合工作实施方案的通知》（云政发〔2022〕34号）	云南省人民政府官方网站	2022-06-09
91	云南省	云南省人民政府办公厅关于印发《云南省新污染物治理工作方案的通知》（云政办发〔2022〕95号）	云南省人民政府官方网站	2022-12-12
92	安徽省	安徽省人民政府关于印发安徽省"十四五"节能减排实施方案的通知（皖政秘〔2022〕106号）	安徽省人民政府官方网站	2022-07-05
93	安徽省	安徽省生态环境厅办公室关于开展"三磷"行业环境问题排查整治"回头看"工作的通知（皖环办秘〔2022〕47）	安徽省生态环境厅官方网站	2022-08-15
94	安徽省	安徽省住房和城乡建设厅关于印发《安徽省城乡建设领域碳达峰实施方案》的通知（建科〔2022〕103号）	安徽省住房和城乡建设厅官方网站	2022-12-12
95	福建省	福建省人民政府办公厅关于印发加强入河入海排污口监督管理工作方案的通知（闽政办〔2022〕43号）	福建省人民政府官方网站	2022-09-06
96	福建省	福建省住房和城乡建设厅关于发布省工程建设地方标准《城镇排水管渠修复工程工程量计算标准》的通知（闽建科〔2022〕20号）	福建省住房和城乡建设厅官方网站	2022-10-24

续表

序号	区域位置	名称及文号	网址链接	发布时间
97	海南省	海南省生态环境厅关于印发《海南省（海南本岛）重点海域入海污染物总量控制技术参考指南》的通知（琼环海字〔2022〕1号）	海南省生态环境厅官方网站	2022-01-07
98	海南省	中共海南省委 海南省人民政府关于印发《海南省深入打好污染防治攻坚战行动方案》的通知（琼发〔2022〕18号）	海南省人民政府官方网站	2022-08-23
99	甘肃省	甘肃省人民政府办公厅转发省发展改革委等部门关于推进城镇环境基础设施建设实施方案的通知（甘政办发〔2022〕72号）	甘肃省人民政府官方网站	2022-06-14
100	甘肃省	甘肃省人民政府关于印发甘肃省"十四五"节能减排综合工作方案的通知（甘政发〔2022〕41号）	甘肃省人民政府官方网站	2022-06-29
101	甘肃省	甘肃省人民政府办公厅关于印发甘肃省水土保持目标责任考核办法的通知（甘政办发〔2022〕88号）	甘肃省人民政府官方网站	2022-07-25
102	陕西省	陕西省生态环境厅 发展和改革委员会 科学技术厅 工业和信息化厅 司法厅 财政厅 自然资源厅 住房和城乡建设厅 交通运输厅 水利厅 农业农村厅 公安厅 应急管理厅 林业局关于印发陕西省黄河流域生态环境保护规划的通知（陕环发〔2022〕9号）	陕西省生态环境厅官方网站	2022-06-16
103	青海省	青海省住房和城乡建设厅 青海省发展和改革委员会关于做好2022年城市（县城）排水防涝工作的通知青建城〔2022〕87号	青海省住房和城乡建设厅官方网站	2022-04-24
104	重庆市	重庆市生态环境局关于印发《重庆市水生态环境保护"十四五"规划（2021—2025年）》的函（渝环函〔2022〕347号）	重庆市生态环境局官方网站	2022-06-14
105	重庆市	重庆市人民政府关于印发《重庆市城市基础设施建设"十四五"规划（2021—2025年）》的通知（渝府发〔2022〕30号）	重庆市人民政府官方网站	2022-06-15
106	重庆市	重庆市住房和城乡建设委员会关于印发《重庆市城市更新海绵城市建设技术导则》的通知（渝建人居〔2022〕26号）	重庆市住房和城乡建设委员会官方网站	2022-08-29
107	重庆市	重庆市人民政府关于印发《重庆市"十四五"节能减排综合工作实施方案》的通知（渝府发〔2022〕39号）	重庆市人民政府官方网站	2022-09-18
108	重庆市	重庆市人民政府办公厅关于印发《重庆市入河排污口排查整治和监督管理工作方案》的通知（渝府办发〔2022〕124号）	重庆市人民政府官方网站	2022-12-15
109	广西壮族自治区	广西壮族自治区生态环境厅 广西壮族自治区水利厅 广西壮族自治区农业农村厅关于印发《"十四五"广西农村黑臭水体治理实施方案》的通知（桂环函〔2022〕2号）	广西壮族自治区生态环境厅官方网站	2022-01-26

续表

序号	区域位置	名称及文号	网址链接	发布时间
110	广西壮族自治区	广西壮族自治区人民政府办公厅关于印发《广西城镇生活污水和垃圾处理设施建设工作实施方案（2022—2025年）》的通知（桂政办发〔2022〕7号）	广西壮族自治区人民政府官方网站	2022-01-30
111	广西壮族自治区	广西壮族自治区人民政府办公厅关于印发《广西入河入海排污口监督管理工作方案（2022—2025年）》的通知（桂政办发〔2022〕36号）	广西壮族自治区人民政府官方网站	2022-06-09
112	广西壮族自治区	广西壮族自治区人民政府关于《广西壮族自治区水网建设规划》的批复（桂政函〔2022〕64号）	广西壮族自治区人民政府官方网站	2022-07-29
113	广西壮族自治区	广西壮族自治区人民政府关于印发《广西"十四五"节能减排综合实施方案》的通知（桂政发〔2022〕24号）	广西壮族自治区人民政府官方网站	2022-09-23
114	广西壮族自治区	广西壮族自治区人民政府办公厅关于印发《广西新污染物治理工作方案》的通知（桂政办发〔2022〕74号）	广西壮族自治区人民政府官方网站	2022-11-11
115	宁夏回族自治区	宁夏回族自治区生态环境厅 宁夏回族自治区水利厅关于印发《宁夏回族自治区水生态环境保护"十四五"规划》的通知（宁环发〔2022〕5号）	宁夏回族自治区生态环境厅官方网站	2022-01-14
116	宁夏回族自治区	宁夏回族自治区住房和城乡建设厅关于《加强城镇生活污水再生利用工作》的通知（宁建（城）发〔2022〕15号）	宁夏回族自治区住房和城乡建设厅官方网站	2022-05-26
117	西藏自治区	西藏自治区人民政府办公厅关于印发《西藏自治区新污染物治理工作方案》的通知（藏政办发〔2022〕49号）	西藏自治区人民政府官方网站	2022-12-26

附录三 国内城镇排水工程建设标准体系

1.1 城镇排水工程建设标准体系

1. 综合标准

污水综合排放标准	GB 8978—1996
城镇污水处理厂污染物排放标准	GB 18918—2002
污水排入城镇下水道水质标准	GB/T 31962—2015
城市污水处理工程项目建设标准	建标198—2022

2. 基础标准

给水排水工程基本术语标准	GB/T 50125—2010
建筑给水排水制图标准	GB/T 50106—2010

3. 通用标准

1）城镇给水排水工程

城市给水工程规划规范	GB 50282—2016
室外给水设计标准	GB 50013—2018
城镇排水工程项目规范	GB 55027—2022
城市排水工程规划规范	GB 50318—2017
室外排水设计标准	GB 50014—2021
泵站设计标准	GB 50265—2022
城镇内涝防治技术规范	GB 51222—2017
给水排水工程构筑物结构设计规范	GB 50069—2002
给水排水构筑物施工及验收规范	GB 50141—2008
室外给水排水和燃气热力工程抗震设计规范	GB 50032—2003
给水排水工程管道结构设计规范	GB 50332—2002
给水排水管道工程施工及验收规范	GB 50268—2008
建筑与市政工程抗震通用规范	GB 55002—2021
消防设施通用规范	GB 55036—2022
防洪标准	GB 50201—2014
建筑设计防火规范（2018年版）	GB 50016—2014

　　　　城市工程管线综合规划规范　　　　　　　　　　　　　GB 50289—2016

2）建筑给水排水工程

　　　　建筑给水排水设计标准　　　　　　　　　　　　　　　GB 50015—2019
　　　　建筑给水排水及采暖工程施工质量验收规范　　　　　　GB 50242—2002

3）节约用水和再生水

　　　　城市居民生活用水量标准（2023版）　　　　　　　　　GB/T 50331—2002
　　　　城镇污水再生利用工程设计规范　　　　　　　　　　　GB 50335—2016
　　　　城市节水评价标准　　　　　　　　　　　　　　　　　GB/T 51083—2015
　　　　建筑给水排水与节水通用规范　　　　　　　　　　　　GB 55020—2021

4）运行管理

　　　　城镇供水厂运行、维护及安全技术规程　　　　　　　　CJJ 58—2009
　　　　城镇供水管网运行、维护及安全技术规程　　　　　　　CJJ 207—2013
　　　　城镇污水厂运行、维护及安全技术规程　　　　　　　　CJJ 60—2011
　　　　城镇再生水厂运行、维护及安全技术规程　　　　　　　CJJ 252—2016
　　　　城镇排水管渠与泵站运行、维护及安全技术规程　　　　CJJ 68—2016

4. 专用标准

1）城镇排水工程

　　　　城镇污水处理厂污泥处理技术规程　　　　　　　　　　CJJ 131—2009
　　　　污水自然处理工程技术规程　　　　　　　　　　　　　CJJ/T 54—2017
　　　　城镇雨水调蓄工程技术规范　　　　　　　　　　　　　GB 51174—2017
　　　　城镇污水处理厂臭气处理技术规程　　　　　　　　　　CJJ/T 243—2016
　　　　污水处理卵形消化池工程技术规程　　　　　　　　　　CJJ 161—2011
　　　　排水工程混凝土模块砌体结构技术规程　　　　　　　　CJJ/T 230—2015
　　　　城镇排水系统电气与自动化工程技术标准　　　　　　　CJJ/T 120—2018
　　　　市政工程施工组织设计规范　　　　　　　　　　　　　GB/T 50903—2013
　　　　城镇污水处理厂工程施工规范　　　　　　　　　　　　GB 51221—2017
　　　　城镇污水处理厂工程质量验收规范　　　　　　　　　　GB 50334—2017
　　　　海绵城市建设评价标准　　　　　　　　　　　　　　　GB/T 51345—2018
　　　　镇（乡）村排水工程技术规程　　　　　　　　　　　　CJJ 124—2008
　　　　农村生活污水处理工程技术标准　　　　　　　　　　　GB/T 51347—2019

2）城镇给水排水管道工程

　　　　城镇给水预应力钢筒混凝土管管道工程技术规程　　　　CJJ 224—2014

埋地塑料给水管道工程技术规程	CJJ 101—2016
埋地塑料排水管道工程技术规程	CJJ 143—2010
城镇给水管道非开挖修复更新工程技术规程	CJJ/T 244—2016
城镇排水管道检测与评估技术规程	CJJ 181—2012
城镇排水管道非开挖修复更新工程技术规程	CJJ/T 210—2014
塑料排水检查井应用技术规程	CJJ/T 209—2013
一体化预制泵站工程技术标准	CJJ/T 285—2018
现场设备、工业管道焊接工程施工及验收规范	GB 50683—2011

3）建筑给水排水工程

建筑机电工程抗震设计规范	GB 50981—2014
二次供水工程技术规程	CJJ 140—2010
建筑屋面雨水排水系统技术规程	CJJ 142—2014
建筑排水金属管道工程技术规程	CJJ 127—2009
建筑给水塑料管道工程技术规程	CJJ/T 98—2014
建筑排水塑料管道工程技术规程	CJJ/T 29—2010
建筑给水复合管道工程技术规程	CJJ/T 155—2011
建筑排水复合管道工程技术规程	CJJ/T 165—2011
住宅生活排水系统立管排水能力测试标准	CJJ/T 245—2016
建筑同层排水工程技术规程	CJJ 232—2016
建筑与小区管道直饮水系统技术规程	CJJ/T 110—2017
公共浴场给水排水工程技术规程	CJJ 160—2011
游泳池给水排水工程技术规程	CJJ 122—2017

4）节约用水和再生水

城镇供水管网漏损控制及评定标准	CJJ 92—2016
城镇供水管网漏水探测技术规程	CJJ 159—2011
民用建筑节水设计标准	GB 50555—2010
建筑中水设计标准	GB 50336—2018
建筑与小区雨水控制及利用工程技术规范	GB 50400—2016
民用建筑太阳能热水系统应用技术标准	GB 50364—2018

5）运行管理

| 城镇供水水质在线监测技术标准 | CJJ/T 271—2017 |
| 城镇供水管网抢修技术规程 | CJJ/T 226—2014 |

城镇供水服务	GB/T 32063—2015
城镇供水行业职业技能标准	CJJ/T 225—2016
城镇供水与污水处理化验室技术规范	CJJ/T 182—2014
城镇污水处理厂运营质量评价标准	CJJ/T 228—2014
城镇排水管道维护安全技术规程	CJJ 6—2009
城市排水防涝设施数据采集与维护技术规范	GB/T 51187—2016
城镇排水与污水处理服务	GB/T 34173—2017
市政公用设施运行管理人员职业标准	CJJ/T 249—2016
建筑与工业给水排水系统安全评价标准	GB/T 51188—2016

1.2 城镇给水排水产品标准体系

1. 基础标准

建筑给水排水设备器材术语	GB/T 16662—2008
城市用水分类标准	CJ/T 3070—1999
城市污水处理厂管道和设备色标	CJ/T 158—2002

2. 通用标准

1）给水排水水质、泥质和检测防范

城镇饮用水水质标准

生活饮用水水源水质标准	CJ/T 3020—1993
城市供水水质标准	CJ/T 206—2005
地表水环境质量标准	GB 3838—2002
地下水质量标准	GB/T 14848—2017
饮用净水水质标准	CJ/T 94—2005

2）城镇排水水质标准

污水综合排放标准	GB 8978—1996
城镇污水处理厂污染物排放标准	GB 18918—2002
污水排入城镇下水道水质标准	GB/T 31962—2015

3）城镇再生水水质及其他水质标准

城市污水再生利用 分类	GB/T 18919—2002
城市污水再生利用 绿地灌溉水质	GB/T 25499—2010
城市污水再生利用 景观环境用水水质	GB/T 18921—2019
城市污水再生利用 工业用水水质	GB/T 19923—2005

城市污水再生利用 农田灌溉用水水质　　　　　　GB 20922—2007

城市污水再生利用 地下水回灌水质　　　　　　　GB/T 19772—2005

游泳池水质标准　　　　　　　　　　　　　　　　CJ/T 244—2016

公共浴池水质标准　　　　　　　　　　　　　　　CJ/T 325—2010

生活热水水质标准　　　　　　　　　　　　　　　CJ/T 521—2018

城镇污水热泵热能利用水质　　　　　　　　　　　CJ/T 337—2010

4）泥质标准

城镇污水处理厂污泥处置 分类　　　　　　　　　GB/T 23484—2009

城镇污水处理厂污泥处置 混合填埋用泥质　　　　GB/T 23485—2009

城镇污水处理厂污泥处置 园林绿化用泥质　　　　GB/T 23486—2009

城镇污水处理厂污泥处置 土地改良用泥质　　　　GB/T 24600—2009

城镇污水处理厂污泥处置 单独焚烧用泥质　　　　GB/T 24602—2009

城镇污水处理厂污泥处置 制砖用泥质　　　　　　GB/T 25031—2010

城镇污水处理厂污泥处置 农用泥质　　　　　　　CJ/T 309—2009

城镇污水处理厂污泥处置 水泥熟料生产用泥质　　CJ/T 314—2009

城镇污水处理厂污泥处置 林地用泥质　　　　　　CJ/T 362—2011

城镇污水处理厂污泥处理 稳定标准　　　　　　　CJ/T 510—2017

城镇污水处理厂污泥泥质　　　　　　　　　　　　GB/T24188—2009

1.3　湖南省地方政策/标准

湖南省城市排水系统溢流污染控制技术导则

湖南省城镇市政污泥运输和处置标准　　　　　　DBJ43/T514—2020

1.4　湖南省团体标准

湖南省城镇污水处理厂特许经营中期
评估报告编制指南　　　　　　　　　　　　　　T/HNCJ：PSG 0001—2021

参考文献

[1] IPCC. Global Warming of 1.5°C [EB/OL].(2018.10.8)[2022.12.26] https://www.ipcc.ch/sr15/.

[2] Duan H, Zhou S, Jiang K, et al. Assessing China's efforts to pursue the 1.5°C warming limit [J]. Science, 2021, 372(6540): 378–385.

[3] Lu L, Guest J S, Peters C A, et al. Wastewater treatment for carbon capture and utilization [J]. Nature Sustainability, Nature Publishing Group, 2018, 1(12): 750–758.

[4] Ritchie H, Roser M, Rosado P. CO_2 and Greenhouse Gas Emissions [J]. Our World in Data, 2020.

* 本书部分基于《城镇污水系统碳核算方法研究及典型工艺减碳路径分析》(湖南省建筑设计院集团股份有限公司刘阳等人于2024年发表于《给水排水》)编写，对原文进行了局部删减、修改。在本报告中发布已征得论文作者同意。